Karl-Ernst Maedel, Aus der Dampfzeit

W0302923

**Über dieses Buch:** Im Jahre 1962 gründete Karl-Ernst Maedel das LOK MAGAZIN. Er gab diese erste deutschsprachige Zeitschrift für Eisenbahnfreunde bis 1971 heraus. Maedel lud namhafte Autoren ein, ihr Wissen im LOK MAGAZIN einer breiten Öffentlichkeit zugänglich zu machen. Und er schrieb selbst. Unverwechselbar sein Stil, einprägsam seine Art, Zusammenhänge zu beleuchten, die Dinge verständlich zu erläutern.
Aus den 50 Ausgaben des LOK MAGAZIN, die Karl-Ernst Maedel betreute, sind in diesem Band die interessantesten und schönsten Beiträge aus seiner eigenen Feder zusammengefaßt. Ergänzt werden sie um einige Erinnerungen an die „Dampfzeit", die Maedel Anfang der 90er Jahre niederschrieb.

Karl-Ernst Maedel

# *Aus der Dampfzeit*

**Erinnerungen und Erzählungen aus einer vergangenen Eisenbahn-Epoche**

GeraMond

Titelfoto: Ludwig Rotthowe

Aus der Dampfzeit:
Erinnerungen und Erzählungen aus einer
vergangenen Eisenbahn-Epoche /
Maedel, Karl-Ernst – 1. Auflage
München: GeraMond Verlag, 1999

ISBN 3-932785-98-3

© für diese Buchausgabe:
1997/1999 GeraMond Verlag, D-80632 München,

1. Auflage 1999

Der Nachdruck, auch einzelner Teile, ist verboten. Das Urheberrecht und sämtliche weiteren Rechte sind dem Verlag vorbehalten. Übersetzung, Speicherung, Vervielfältigung und Verbreitung einschließlich Übernahme auf elektronische Datenträger wie CD-ROM, Bildplatte usw. sowie Einspeicherung in elektronische Medien wie Bildschirmtext, Internet usw. ist ohne vorherige schriftliche Genehmigung des Verlages unzulässig und strafbar.

Redaktion: Rudolf Heym
Lektorat: Lukas Gagel
Druck: Clausen & Bosse GmbH, Leck
Printed in Germany

# Vorwort

Schau doch mal, was für ein herrlicher Dampfpilz!" – „Junge, Junge, wie hast Du denn das hingekriegt bei dem Mistwetter!" – „Nimmst Du immer noch 27er Film?"
Auf der schon leicht vergilbten Tapete einer Hallenser Altbauwohnung leuchtet ein wunderbares Dia von einer 44er, die im Morgendunst einen schweren Güterzug aus dem Saalfelder Gleisgewirr herauswuchtet. Das „Oh!" und „Ach!" der versammelten Eisenbahnfreunde kennt kein Ende. „Laß noch ein bißchen stehen, das ist zu schön!"
Draußen pfeift eine Lokomotive. „Wie für uns gemacht!" Alles stürzt zum Fenster. Unten breiten sich die Gleisanlagen des Hauptbahnhofes von Halle an der Saale aus. „So hat's Karl-Ernst Maedel auch vor sich gehabt." „Aber mit S 3/6en!" „Was?" „Na klar, Halle hatte auch mal welche. Für die Langläufe über die Saalebahn runter nach Bayern." „Kannst'e dir das vorstellen, hier unten so'ne blanke S 3/6?"
Halle. Volkmannstraße. Einer der Fans, ein Student der Pharmazie, sie nennen ihn liebevoll „Pillendreher", ist der Gastgeber dieser illustren Runde. Es ist ein wenig Zufall im Spiel, Schicksal vielleicht, daß er hier wohnt und man so mit dem Blick über die Gleise beisammenhockt. „Eigentlich müßten wir hier unten mal eine Tafel anbringen, zur Erinnerung an Karl-Ernst. Oder?" „Ob er das gerne hätte? Wer kennt ihn denn schon noch?" Ja, wer kennt ihn noch.
Wir! Sein Buch „Die deutschen Dampflokomotiven gestern und heute" hatte ich wochenlang zu Hause. Nicht gekauft, im Laden war es längst nicht mehr zu haben, nein, aus der Leihbibliothek am Erfurter Domplatz. Immer ausgeliehen und dann noch mal verlängert. Brav wieder abgegeben, drei Tage später wiedergeholt. Es war eigentlich meins.
Es wurde meine Welt. Und draußen fuhren die Dinger noch herum. Hundert Meter vor der Haustür. Da rangierten die allerletzten Naßdampf-55er in das Optima-Schreibmaschinenwerk hinein. Ich sehe noch die kugelrunden Zylinder an mir vorbei-

gleiten, die Stangen sich drehen, alles so unsagbar einfach wie bei einer klobigen Modell-Lok jener Jahre – die Steuerung lag ja innen. Der Geruch von Waschküche, wie im Keller unseres alten Hauses. Und dann schreibt da einfach einer ein Buch, in dem all das drinsteht.

Karl-Ernst Maedel! Er hat mir den unschätzbaren Gefallen getan, mir zu bestätigen, daß ich mit meinem Tick nicht allein stand in der Welt, daß man sich durchaus ernsthaft für diese Eisenbahn und ihre Lokomotiven interessieren konnte. Das war schon wichtig, wenn man wieder einmal den Pioniernachmittag zugunsten einer Session am Block Hochheim geschwänzt hatte. Dort donnerten die 01.5 nach Bebra vorbei, jagten 22er gen Saalfeld, hechelten 56er mit einer Übergabe nach Neudietendorf. Sternstunden, wenn zwei kalte 93.5 hinter einer 58 in's Raw Meiningen überführt wurden oder mal was ganz kleines vorüberzockelte, das man noch nicht kannte und zu Hause natürlich sofort im „Maedel" nachschlug, was es denn wohl mit dieser eigenartigen 91 6277 auf sich hatte.
Karl-Ernst Maedel. Später, als man sich dann weiter fortwagte, dabei Gleichgesinnte getroffen hatte, die in vielen Fällen zu echten Freunden wurden, als man Stück für Stück den Überblick gewann, wo zu welcher Zeit was dampfte, da haben wir oft beim gemeinsamen Warten auf einen Zug ganze Passagen aus seinen „Bekenntnissen eines Eisenbahnnarren" zitiert. Es war uns auf den Leib geschneidert, was er schrieb, es paßte zu unserem Lebensgefühl.

Es spielte ja auch vieles bei uns, in unserer Ecke Deutschlands, die wir eben kannten, besser, sehr viel besser als manchem damaligen Wichtigtuer lieb war. „Lernt doch erstmal die Heimat, unsere DDR, kennen, bevor ihr immer in die Welt wollt!" war das Hauptargument derer, die uns einsperrten. „Kennen sie denn Schwittersdorf oder Blankenheim?" war dann so eine Gegenfrage, bei der der Erfolg sicher war. Ratloser Blick. „Na sehn'se, ich denke, sie kennen die Heimat." Sie kannten sie nämlich nicht. Und wir kannten Schwittersdorf und Blankenheim, weil wir dort

über die Schwellen gestolpert waren, und weil wir Karl-Ernst Maedels Geschichten gelesen hatten. Und so ganz nebenbei auch noch ein paar andere Dinge gesehen hatten als nur die Bahn.
Das war ja überhaupt einer der allerbesten – und vorher ungeahnten – Nebeneffekte der ganzen Geschichte: Man lernte Land und Leute kennen. Und zwar richtig! Nicht wie der in eine Urlaubsburg verfrachtete Pauschaltourist, nein, wer mit der Bahn nach Muskau zur Waldbahn oder nach Wismar wegen der letzten T 16 im Hafen fuhr, sah Dinge, die er offiziell eigentlich lieber nicht hätte sehen sollen. Daß es „in der Kohle", also im Senftenberger Revier, immer freitags Mengen von Bier in den Kaufhallen gab oder die Wälder rings um Berlin voller Armee steckten. Oder daß in Leipzig oder Halle ganze Städte in sich zusammenfielen, während im Wald hinter dem Regierungsferienheim ganze Batterien von Sektflaschen umherkullerten. Oder daß in den Güterzügen von Görlitz her polnische Steinkohle hereinfuhr, sie aber über Hof wieder verschwand, während die Heizer der Maschinen mit einem ziemlich wüsten Gemisch aus Mocambique auskommen mußten. Ja, genaues Hinschauen ist mitunter nicht gern gesehen. Nicht nur damals war das so, wie mir scheint.

Genaues Hinschauen, dabei Fairness bewahren. Fairness! Das ist auch so ein vielzitiertes Schlagwort. Karl-Ernst Maedel hat sie immer praktiziert. Ohne jedes Vorurteil hat er die besten Schöpfungen der Lokomotivbauer aller Welt nebeneinander gestellt, hat sie in ihren Stärken und Schwächen miteinander verglichen und stets begründet, warum sie so und nicht anders geworden waren. Es ist zum ganz großen Teil sein Verdienst, daß wir – über den kleinen Kreis Eingeweihter hinaus, die das schon immer wußten – von den großartigen französischen, südafrikanischen, amerikanischen oder tschechischen Lokomotiven erfuhren. Wir haben den Wert der Einheitsloks einordnen gelernt. Nicht, daß von da an eine 01 nun etwa jedes Blickes unwürdig gewesen wäre, aber nach der ersten Begegnung mit einer 498.1 im Juli 1968 in Prag wußte man, daß Lokomotiven eben auch noch anders aussehen können. Überhaupt Prag! Was haben wir uns im kleinen, nunmehr auch ganz bestimmt kritischen Kreis geschämt gegenüber diesem Nachbarland, nachdem dort die Ansätze eines demokratischen Reformkurses so brutal niedergeschlagen wurden. Es waren natürlich immer in erster Linie die Loks, die uns dann dorthin zogen, aber wer gut 60 mal in ein Land reist und sich im Alleingang in die Sprache einfuchst, gibt damit auch eine Art Liebeserklärung ab. Und wieder stand dann im LOK MAGAZIN, was es mit den dort gesehenen und fotografierten Maschinen auf sich hatte. Und wieder war es Karl-Ernst Maedel, der – auf sicher manchmal abenteuerlichen Wegen – den Autoren von dort ein Podium eröffnet hatte.

Verständigung, Ausgleich, den anderen verstehen wollen. Das klang aus allem, was er zu Papier brachte. Es hat ihn manchmal betrübt, daß er gar kein „richtiger" Fachmann werden konnte. Der Krieg beendete das Studium des 1919 geborenen, in der DDR konnte er es nicht fortsetzen. Gibt es denn ein schöneres Beispiel dafür, wie wenig all diese Dinge wert sein können – oder besser gesagt, wie wenig den Leuten zu trauen ist, die ihre Werturteile ausschließlich auf Titel und akademische Grade aufbauen? Karl-Ernst Maedel wagte es, in der doch an vielen Stellen recht knöchernen und gleichzeitig mit schnulziger Unterhaltung sich tröstenden Nachkriegs-Bundesrepublik Begriffe wie Liebe, Trauer und Tränen im Zusammenhang mit der Technik zu gebrauchen. Das war neu und äußerst ungewöhnlich. Auch im Osten, wo ja ständig nur um alles Mögliche gekämpft und gerungen wurde, hatte Trauer um eine alte Lok nicht viel zu suchen. So etwas stört eben alles geradlinig nach vorn strebende.
Doch wo ist vorn?

„Geliebte Dampflok" hieß ein wunderschöner Bildband von 1960. Sparsam meldete er sich zu Wort darin, ohne die herrlichen Bilder zu zerreden und doch mit der Gabe, alles wichtige zu sagen. Wir alle haben es hundertmal gelesen. Und: Das Fotografieren gelernt! Da wimmelte es nur so von phantastischen Stimmungsbildern, da kam auch mal eine Lok durch die untergehende Sonne gefahren und es roch förmlich aus dem Buch nach Öl, Rauch und Waschküche. Es gibt heute Tausende von Eisenbahn-

büchern. Aber wieviele wirklich schöne? Meine „Geliebte Dampflok“ ist zerfleddert und abgeschabt, sie ist durch unzählige Hände gegangen. Gibt es eine schönere Auszeichnung für ein Buch?
Im Jahre 1962 gründete Karl-Ernst Maedel das LOK MAGAZIN und gab es bis 1971 auch heraus. Zehn Jahre leitete er die Geschicke, 50 Ausgaben betreute er, und aus diesen haben wir noch einmal die interessantesten und schönsten aus seiner eigenen Feder für Sie zusammengestellt – nicht um ihm ein Denkmal zu setzen – das hat er längst im Herzen der Eisenbahnfreunde. Wir wollen noch einmal dokumentieren, mit wieviel Hingabe und Liebe ein Mann sich der Sache widmete und um sie kämpfte, die ihm so sehr am Herzen lag und liegt: Daß nämlich all die Technik nur einen Sinn macht, wenn sie uns wirklich nützt und wir sie gleichzeitig noch durchschauen, erleben und auch bewußt genießen können. So gesehen sind alle Beiträge ewig jung und frisch, ob sie nun vom alten Erfurter Lokbauer Christian Hagans oder den längst im Hochofen verschwundenen beiden 25ern handeln. Er hat es selbst so oft gesagt: Es wird eine Zeit geben, da rennen die Eisenbahnfreunde den letzten E 10 hinterher. Diese Zeit ist nun gekommen. Er hatte recht.

Alles Gute, lieber Karl-Ernst Maedel! *Rudolf Heym*

# Inhalt

## Aus der Dampfzeit



## Lokomotiv-Porträts



## Abschied von der Schiene



## Männer und Maschinen

## An den Geleisen




© für „Faszination Dampflok", „Vier Lokomotiven – ein Zug" und „Der Dampfloksonderling von 1953" by BAHN-EXTRA/GeraNova Zeitschriftenverlag GmbH München, © für alle übrigen Beiträge by LOK MAGAZIN/GeraNova Zeitschriftenverlag GmbH München.

# Aus der Dampfzeit

## Faszination Dampflok

Was ist nur dran an diesen dreckigen, qualmenden, zischenden, rußenden, nach Schmieröl stinkenden Dampflokomotiven, daß Alt und Jung meilenweit anreisen, um an der Sonderfahrt teilzunehmen oder einfach neben den Gleisen zu stehen, sich den Dampf um die Nase blasen zu lassen und die Vorbeifahrt des Zuges zu erleben? Da werden Achtzigjährige wieder zu Jünglingen und träumen von jener Vorzeit, als die Eisenbahn das Monopol im Verkehrswesen besaß. Sie bekommen leuchtende Augen und können sich nicht sattsehen an den kreisenden Zweimeterrädern einer 01, um nur eine der liebevoll gepflegten betriebsfähigen Dampflokomotiven nicht nur der Bundesbahn, sondern mehr noch von begeisterten Eisenbahnfreunden zu nennen. Was ist daran, so fragen wir uns immer wieder aufs Neue, an jener antiquierten Kraftmaschine? Warum interessieren die eleganten, vor PS nur so strotzenden Elektroloks halb so sehr wie die den Berg sich hinaufbemühenden Dampfloks?

Es wird wohl ein Mysterium bleiben, denn die Maschine allein kann es heute nicht mehr sein. Wir Alten sind doch schon vor sechzig, siebzig Jahren neben dem Zug einhergerannt, um ja die ersten, gen Himmel donnernden Auspuffstöße zu vernehmen und den Atem ob dieser Naturgewalt anzuhalten. Es bleibt wohl das Geheimnis jedes einzelnen, welche Wirkung die Dampflok auf ihn ausübt.

Wenn man älter wird, gewinnt man den Eindruck, als ob die Menschen unserer Gegenwart sich die Dampflokzeit nicht mehr recht vorstellen können. Die gelegentlich stattfindenden Sonderfahrten sind doch nur ein Abklatsch dessen, was sich noch bis in die sechziger Jahre unseres Jahrhunderts auf den Schienensträngen tat. Heute sind die Fotohalte mit den Scheinanfahrten das Wichtigste, und wer einen blütenweißen Dampfkumulus auf den Film bannen kann, der preist sich glücklich. Die Vorstellung, daß unser heutiges, so geschrumpftes Eisenbahnwesen einmal ganz anders ausgesehen hat, ist wohl dem in das Auto verliebten Menschen versagt. Tausende von Dampfzügen durcheilten täglich das Land, im Reisezugdienst, im Güterverkehr, als Leerfahrt oder als Kleinbahn. Und die Baureihen 41 und 44, die bis in die jüngste Vergangenheit schwere Erzzüge von Emden nach Rheine zogen, stellten lediglich den Abschiedsgesang einer vergangen Epoche dar. Weit über hundert Schnell- und Eilzüge passierten noch bis zum zweiten Weltkrieg unsere großen Knotenbahnhöfe, die Drehscheiben des Schienenverkehrs wie Köln, Frankfurt (Main), Leipzig, Hannover, Halle, München, um nur die wichtigsten zu nennen. Eisenbahn-Dorado war erst recht Berlin mit seinen Fernbahnhöfen. Es klingt wie ein Märchen, daß die Berliner S-Bahn bis in die zwanziger Jahre hinein mit Dampfloks der Baureihe 74 betrieben wurde, da noch nicht alle Strecken elektrifiziert waren. Das Wort Umweltverschmutzung existierte damals allerdings noch nicht.

Man muß die Dinge nüchtern sehen. Wir Alten konnten uns früher kaum in die Zeit der Postkutsche versetzen, die doch über Jahrhunderte als Träger des Reiseverkehrs fungierte. Wie sollten wir von der Jugend heute mehr Einfühlungsvermögen verlangen? Es heißt ja doch in der öffentlichen Meinung allgemein „Opas Dampfeisenbahn". Und was von Opa kommt, ist alt und langsam. Vielleicht sollten wir uns aber eines klarmachen: um einen Zug von sechs sogenannten „Silberlingen", also von Nahverkehrs- oder Eilzugwagen, mit 100 km/h über eine normal geneigte Strecke zu befördern, werden noch nicht einmal 1000 PS gebraucht. Nun ist es aber gleichgültig, ob diese 1000 PS mittels Dampf, Diesel oder Elektrizität erzeugt werden. Und tausend PS, die leistete doch die Mehrzahl aller größeren Personen- und Güterzuglokomotiven. Die Überlegenheit der Elektrolok zeigt sich ja erst unter erschwerten Bedingungen: beim Anfahren schwerster Züge oder auf Bergstrecken. Und das nur, weil unsere stärksten deutschen Dampfloks selten mehr als 2000 PS hergaben.
In den USA verlief die Entwicklung anders. Dort besaßen fast alle Bahngesellschaften Maschinen mit 6000 bis 7000 PS Leistung. Sie

waren in der Lage, 1200 t schwere Pullman-Schnellzüge mit 180 km/h über das Land zu befördern. Seit es den Dampf im Schienenverkehr nicht mehr gibt, müssen drei oder vier Diesel-loks die gleiche Leistung vollbringen. Ob diese weniger stinken als die Dampflokomotiven? Die Mängel der Dampfkraft lagen doch wohl ganz woanders: hohe Kohlepreise, ein riesiger Wartungsaufwand – der halbe Bahnhof war doch nur für die Dampfloks da – und die Personalkosten. Das alles könnten die Bahnen heute gar nicht mehr bezahlen! Zu rationalisieren gibt es da nichts: Die fixen Kosten waren es, die den Wandel erzwangen. Dennoch – gibt es eine größere Faszination als das Anfahren eines schweren Zuges durch eine Dampflok? Höhepunkte dieser Art traf man früher in Fülle, nennen wir einmal die Steilrampen, die nicht ohne Schiebelok bewältigt werden konnten. Welch ein herrliches Schauspiel – herrlich allerdings nur für den Dampflokenthusiasten! Jeder andere hat den Kopf verständnislos geschüttelt, wenn die 01 die berühmte „Schiefe Ebene" bei Neuenmarkt-Wirsberg hinaufkraxelte, bei fünf Wagen ohne „Schiebe". Oder die Rampe Bebra – Hönebach, wo die 01.5-Lokomotiven der ostdeutschen Reichsbahn zeigten, was im Dampflokbetrieb an Leistung herauszuholen geht. Noch immer denke ich gern an die 33 Promille geneigte Rampe zwischen Erkrath und Hochdahl in der Nähe Düsseldorfs. Vor dem Güterzug standen eine 44 und eine 50, und hinten schoben zwei Loks der BR 94. Mit vier Lokomotiven wurden die Güterzüge über die Rampe befördert, bei Reisezügen entfiel die Vorspannlok. Leider gibt es heute auf vielen Strecken keinen Vergleich mehr, da der Verkehr so enorm geschrumpft ist, und auch die Elektrolok oft kaum mehr als drei bis vier Wagen zu ziehen hat.

Versetzen wir uns in jene Jahre zurück, als die Dampflokomotive noch voll im Einsatz war. Fahrten mit Vorspann richteten sich nach der Fahrdienstvorschrift. Schauen wir einmal nach, was dort angegeben ist:

„Bei Reisezügen muß Vorspann gestellt werden, wenn der Lokführer erklärt, den Zug nicht planmäßig befördern zu können."

Und weiter heißt es: „Die vordere Lokomotive ist die führende. Ihr Führer trägt für das Geben der Signale die Hauptverantwortung.

Der Führer der zweiten Lokomotive hat auf die Signale und Mitteilungen des Führers der vorderen Lokomotive zu achten und außerdem vorzugsweise den Zug zu beobachten. Zur Beobachtung der Strecke und ihrer Signale ist er ebenfalls verpflichtet."

So konnten wir es noch bis zu Beginn der siebziger Jahre beobachten. Ich denke da besonders an den Hauptbahnhof Frankfurt am Main. Weit draußen mußte man stehen, wenn der Zug eingefahren war und die neue Maschine für die Weiterfahrt rückwärts herandrückte. Welche würde es sein? So wartete man voller Spannung. Siehe da: Am Tender glänzte die sauber geputzte Loknummer 01 1054. Wie groß aber war die Überraschung bei der Feststellung, daß es zwei Lokomotiven waren. Und die vordere hieß 10 001! Da strahlten die Augen des Eisenbahnbegeisterten, denn von der berühmten 10er gab es nur zwei Exemplare. Oft war der Zug so lang, daß die beiden Maschinen schon in das Gleisvorfeld ragten, also außerhalb des Bahnsteiges standen. Die Bremsprobe lief ab wie schon seit hundert Jahren. Dann aber die Anfahrt! Die 10 gab einen kurzen Achtungspfiff, die 0110 antwortete, dann zischte der Dampf aus den Zylinderhähnen, der erste Auspuffstoß stob zweifach aus den Schornsteinen, die mächtigen Treibräder begannen sich zu drehen, los ging die Fahrt und zurück blieb der einsame Eisenbahnfreund, eingehüllt in Dampfwolken, die so schön nach Waschküche rochen, allmählich durch die vorbeipolternden Wagen zerteilt.
Ähnliches trug sich auf vielen größeren Bahnhöfen zu. Ich denke auch gern an die schweren Schnellzüge von Hamburg nach Köln und jene Symphonie des Dampfes, wenn zwei 01.10 Maschinen die Rampe bei Ostercappeln – wörtlich genommen – hinaufdonnerten. Es gab damals so viele Strecken, auf denen die Dampflok zeigen konnte, was in ihr steckte. Aber eine besondere Attraktion stellten jedesmal Züge mit Schiebelok dar. Solches geschah auf starken Steigungen, oftmals auch, um die Kupplungen nicht über Gebühr zu beanspruchen. Am eindrucksvollsten wirkte auf mich immer das Anschieben eines schweren Zuges im Bahnhof. Doch schauen wir erst einmal, was die Vorschrift im Falle des Nachschiebens sagt:

„Von der Spitze aus gesteuerte Züge dürfen nachgeschoben werden a) bei der Abfahrt, b) auf stark ansteigenden Bahnstrecken ..., c) im Notfall überall. Mit zwei Lokomotiven darf nur nachgeschoben werden, wenn es die Direktion anordnet. Mit mehr als zwei Lokomotiven darf nicht nachgeschoben werden. Die Schiebelokomotive hat sich vor der Abfahrt an den Zug zu setzen. Dann gibt ihr Führer zum Zeichen, daß er bereit ist, das Achtung-Signal. Auf den Abfahrauftrag gibt der Führer an der Spitze gleichfalls das Achtung-Signal, das der Führer der Schiebelokomotive beantwortet, wenn er zu schieben beginnt."
Und weiter: „Wenn der Führer der Schiebelokomotive das Nachschieben beendet, gibt er das Achtung-Signal und hält die Schiebelokomotive zunächst an. Er beobachtet den weiterfahrenden Zug so lange, bis er sich überzeugt hat, daß keine Zugtrennung eingetreten ist."
Ja, es war alles genau geregelt bei der alten Reichsbahn wie auch bei unserer Bundesbahn. Diese Vorschriften gelten selbstverständlich auch heute noch, sofern das Nachschieben von Zügen überhaupt erforderlich ist. Wir erwähnten bereits die Strecken, wo es einst regelmäßig Schiebebetrieb gab. Hunderte von Eisenbahnfreunden sind in den letzten Jahren des Dampfbetriebes zur „Schiefen Ebene" gepilgert, um diesem einmaligen Spektakel zuzuschauen.
Auf den großen Kopfbahnhöfen wie Frankfurt, Leipzig, Kassel, Hamburg-Altona, Stuttgart und München mußte oft die Lokomotive, die den Zug in die Bahnhofshalle gebracht hatte, ihn als Schiebelok auch wieder hinausdrücken, besonders dann, wenn es galt, Brückenrampen zu bewältigen. Das bewirkte jedesmal krachende Auspuffanschläge in der Bahnhofshalle, so daß mancher arglose Reisende wegen des Getöses zusammenzuckte.
Das Anschieben von Zügen gab es aber auch an Durchgangsbahnhöfen, ganz besonders, wenn der betreffende Zug mit Verspätung einlief, und die beschwerliche Anfahrt diese weiter vergrößert haben würde. Es ist schon lange her, daß ich als Halbstarker die Bahnsteige meines heimatlichen Hauptbahnhofes unsicher machte, aber das Anschieben der schweren Schnellzüge München – Berlin oder Frankfurt – Berlin ist mir unauslöschlich

bis zum heutigen Tage im Gedächtnis verhaftet. Diese Züge wiesen bereits eine planmäßige Zuglast von 600 t auf, die oft durch Verstärkungswagen während der sommerlichen Ferienzeiten noch erhöht wurde. Nicht immer stand Vorspann zur Verfügung, so daß man sich mit dem Anschieben behalf.

Der Leser mag sich vorstellen, wie soeben die lange Zugschlange in den Bahnhof eingelaufen ist. Die Nünberger Zuglok wurde abgekuppelt, eine 01 des Bw Halle setzte sich davor. Die Lokmannschaft hatte bereits den Kessel hochgeheizt bis zum roten Strich am Manometer. Aus den Kesselsicherheitsventilen Bauart Ackermann kräuselten feine Dampfwölkchen; sie standen kurz vor dem Abblasen. Was hinten am Zug geschah, ließ sich von vorn an der Zuglok nicht beobachten. Wenn der Aufsichtsbeamte dann nach vollzogener Bremsprobe und der obligaten Lautsprecherdurchsage „Vorsicht bei der Abfahrt des Zuges!" den Befehlsstab hob, dann deutete der Achtungspfiff der tieftönenden Dampfpfeife der 01 bereits auf wichtiges Geschehen. Er wurde von weit hinten beantwortet. Ja, und dann öffnete der Lokführer den Regler, der erste Auspuffstoß stob gen Himmel, der aus den Zylinderhähnen entweichende Dampf hüllte den halben Bahnsteig ein. Mit voller Leistung der Lok kam der Zug in Fahrt, die Wagen polterten unter den schneller folgenden Auspuffstößen der Zuglok vorbei, bis – ja bis am Zugschluß ebenfalls Auspuffschläge herannnahten, die während der Fahrt der Schiebelok durch die Bahnsteighalle wie Höllenspektakel den arglosen Reisenden erschütterten. Denn auch die „Schiebe", wie der Eisenbahner sagt, fuhr mit äußerster Kraftanstrengung. Doch das schönste war nicht allein das Anschieben, es war vielmehr die Lok selbst, welche hinten am Zug arbeitete. Der Leser wird sich kaum vorstellen können, daß es sich bei der „Schiebe" oft um eine der kleinen Maschinen der Baureihe 80 handelte, deren Treibstangen in Anbetracht des geringen Treibraddurchmessers abenteuerlich herumwirbelten. Es wird jedoch im Hinblick auf die herablassende Betrachtung von Opas Dampfeisenbahn kaum bekannt sein, daß die 80er in der Lage war, noch 1100 t Wagengewicht mit 40 km/h auf ebener Strecke zu befördern.

Den gleichen Schiebedienst versahen in meiner Heimat auch Maschinen der Baureihe 38.10 oder 74.4, je nachdem, welche Lok gerade kurzfristig zur Verfügung stand. Und der Eisenbahnbegeisterte blickte ehrfürchtig und gepackt dem dahineilenden Zug nach und wartete auf die Rückkehr der „Schiebe", die wieder den Bahnsteig passierte, um an ihren Arbeitsplatz zurückzukehren.
Ach, wie ist das alles so lange her, wie vieles ließe sich erzählen, nicht nur von packenden Szenen, die dem Zuschauer sozusagen unter die Haut gingen, vielmehr von Problemen und Schwierigkeiten im Bahnbetrieb, mit denen die Mannschaften fertig werden mußten. Es ist eigenartig, daß man, wenn von der Dampflok die Rede ist, zuerst an die Reisezugmaschinen denkt, besonders an die stolzen Schnellzuglokomotiven, während das Gros des Triebfahrzeugparks doch aus Güterzug-, Verschiebe- und Nebenbahnlokomotiven bestand. Das Anfahren eines schweren Güterzugs strahlt doch die gleiche Faszination aus wie der Reisezugdienst. Welch Schauspiel einer anfahrenden 44er vor einem schweren Kohlezug! Welche Sorgfalt kostete es den Lokführer, den Zug ohne Schleudern, also ohne Durchdrehen der Kuppelräder, in Gang zu setzen! Sie waren schon Meister ihres Faches, unsere schwarzen Gesellen vom Führerstand. Die 44er nannte man in den letzten Betriebsjahren verschiedentlich „Jumbo", obwohl dieser „Kosename" von den noch größeren Loks der Baureihe 45 stammte, den größten deutschen Dampflokomotiven. Wenige werden diese 1´E´1- gekuppelten Riesen noch kennen. Sie verschwanden bereits in den sechziger Jahren aus dem Betrieb.
Ein Vergleich der Gegenwart mit der Zeit vor dreißig Jahren fällt immer schwerer. Damals transportierte die Industrie ihre Erzeugnisse noch auf der Schiene. Lange Güterzüge liefen von Nord nach Süd, von Ost nach West und umgekehrt. Auf unseren Güter- und Verschiebebahnhöfen wurde eifrig rangiert, Züge zerlegt und neu zusammengestellt. Und doch schritt die Elektrifizierung so schnell voran, daß man sich beeilen mußte, den Dampfbetrieb auf unseren Hauptbahnen noch voll mitzubekommen.
Wer das Imposante eines Zuges erleben wollte, dem bot sich Bebra als Studienort an. Die Hauptstrecke nach Asmushausen – Eichenberg schwingt sich vom Bahnhof aus in weiter Kurve um

180 Grad in die Hügel hinein und geht alsbald in eine Steigung über. Es bedurfte nur eines kurzen Stück Weges, um hinter dem Betriebswerk Bebra oben am Berg die Strecke wieder zu gewinnen. Hier ließ sich nun die Faszination Dampflok hautnah erleben. Vorn vor dem Güterzug eine 44er und hinten eine zweite Maschine gleicher Bauart als Schiebelok! Ach hätte doch damals ein Filmteam einmal solche Kraftanstrengungen der Dampflok für immer im Bild festgehalten! Wie heißt es heute? Aus den Augen, aus dem Sinn ...!
Ja, die fünfziger und auch die sechziger Jahre! Der kundige Eisenbahnenthusiast wird sich mit Freude an jene Zeit erinnern. Die bitteren Nachkriegsjahre zählten allmählich zur Vergangenheit. Das Interesse galt wieder anderen Dingen, und im Eisenbahnwesen erstrahlte auf einmal die Vierzylinder-Verbund-Lokomotive in neuem Glanz. Die Bundesbahn ließ unabhängig von den damals gelieferten Neubau-Loks 30 ältere Schnellzugmaschinen der Baureihe 18.5 zwischen 1953 und 1956 mit neuem Kessel ausrüsten, der dem Vorbild des Originals recht gut angeglichen war. Damals kam die sogenannte S 3/6 – diese alte bayerische Bezeichnung stand noch immer im Kurs – wieder zu neuen Ehren als nunmehrige 18.6. Zusammen mit noch anderen gut erhaltenen Original-Maschinen versammelte sich im Raum Ulm – Augsburg – Lindau ein ansehnlicher Park dieser Type. Und welche Faszination ging doch gerade von ihr aus! Der Kranzschornstein, die spitze Rauchkammertür, die Innenzylinder, nicht zuletzt der knallende Auspuff, das waren von der Norm abweichende Erscheinungen, die den Eisenbahnfreund gen Süden pilgern ließen. Hinzu kamen in Minden noch drei weitere Loks der ehemals badischen Gattung IVh, Baureihe 18.3, eine weitere wurde in Halle (DDR) stationiert. Von diesen Maschinen hat vor dem Krieg kaum jemand Notiz genommen, jetzt rückten sie plötzlich in den Mittelpunkt des Interesses. Und man konnte so schön über das Für und Wider der Vierzylinder-Verbund-Lokomotive diskutieren, besonders ausgiebig in den damals entstehenden Vereinen der Eisenbahnfreunde. Plötzlich entdeckte man auch die großartigen französischen Lokomotiven der Bauart Chapelon. Der Blick wanderte über den engen deutschen Rahmen hinaus. In der

Rückschau waren das schon eindrucksvolle Bilder, wenn die 18.6 auf der Allgäustrecke bei Herbatshofen die Steigung hinaufdampfte, mühelos wie es schien – oder den Schussentobel zwischen Friedrichshafen und Ulm bergauf ratterte. Leider schieden 1959 die wenigen noch erhaltenen „klassischen" 18.4 aus. Das waren Maschinen mit Windschneideführerhaus und Kranzschornstein, die formschönsten Vertreterinnen ihrer Gattung.
Eingangs erwähnten wir bereits, wie schwierig die Begeisterung für eine Dampflokomotive dem Außenstehenden zu erklären ist. Das trifft besonders auf diese Maschinen zu. In der ehemaligen DDR richtete sich das Interesse auf die wenigen ehemals sächsischen Schnellzuglokomotiven der Baureihen 18.0 und 19.0. Aber wer hat sie noch kennengelernt? Unvergeßlich für den Schreiber dieser Zeilen, wie die vor dem Dresdener Schnellzug in Leipzig eingelaufene 18.0 ihren Zug rückwärts wieder hinausdrückte und die Auspuffstöße im Dreivierteltakt (wegen ihres Dreizylindertriebwerks) gegen das Hallendach knallten. Da blieb man selbst auf dem Querbahnsteig stehen und schaute dem Spektakel zu. Sic transit gloria mundi – verklungene Laute.
Vergessen wir auch die vielen Neben- und Kleinbahnen nicht, deren Bedeutung in der Bedienung des dörflichen Landes lag. Sie hatten sich in den letzten Jahren mehr und mehr rar gemacht. Eine nach der anderen stellte ihren Reiseverkehr ein, sofern nicht ein Schienenbus ein paar Jahre das Überleben sichern half. Doch auch er mußte dem Kraftwagen weichen; die Leute stiegen in das eigene Auto um. Ein Bus ermöglichte dem nicht motorisierten Menschen das Reisen, wenn auch nicht immer auf angenehme Art.
So gehört es auch schon der Erinnerung an, wenn ich auf dem Feldweg von Bad Nauheim aus dem Dampfzug der Butzbach-Licher Eisenbahn entgegenging, bis er um die Ecke gebimmelt kam und der Lokführer mit einem freundlichen Pfiff grüßte; oder die kräftigen Maschinen der Kassel-Naumburger Kleinbahn bewunderte, die eine lange Schlange von Güterwagen über das Land führten. Wie schön, als noch das Bähnchen von Wächtersbach nach Bad Orb mit einer T 3-Lokomotive über den Aufenauer Berg bimmelte. Unsere vielen süddeutschen Nebenbahnen

seien nicht vergessen, erst recht nicht die sächsischen Schmalspurbahnen, auf denen selbst heute noch die Dampflok kleine Wunder vollbringt. Wer einmal in den Harzwäldern einem Zug der Harzquerbahn begegnet ist, dem Echo der kräftig dampfenden und pfeifenden Lok noch lange nachlauschen durfte, der wird ermessen können, was das heißt – Faszination der Dampflok!

Wenn ich als Bub während der zwanziger Jahre bei den Großeltern auf dem Land nach einem durchtobten Tag des Abends zu Bett ging, wenn die Augen fast von selbst zufallen wollten, dann ließ ein vertrautes Geräusch den Geist hellwach werden. Der Abendzug verließ das kleine Städtchen. Der Lokführer nahm Anlauf, die Steigung zu nehmen, kräftig puffte die Elna-Lok ihr Lied in die Nacht hinein. Dann wurde es still: der Zug passierte einen Einschnitt. Bald ließ sich erneut das schwere Arbeiten der Lok vernehmen. Sie hatte fast die Höhe erreicht, ihr Auspuff schien mir voller Verzweiflung zuzurufen: „Ich schaff' es nicht – ich schaff' es nicht – ich schaff' es nicht...!" Sie hat es aber jedesmal geschafft, und die müden Augenlider konnten beseligt zufallen.
Man muß schon den Zenit des Lebens überschritten haben, um sich noch an all das zu erinnern, was die Eisenbahn einmal ausmachte, an die vielen packenden Szenen des Dampflokbetriebes, an all die vergessenen Lokomotiven, an die vielen Züge und die Menschen, die ihr dienten. Aber es werden immer nur wenige „Fans" bleiben, die sich an den Leistungen der Dampfmaschine begeistern. Die auf dem Führerstand taten es sicher nicht, die waren froh, als sie auf Diesel oder elektrische Traktion umschulen durften, um endlich aus dem ewigen Dreck herauszukommen. Die wenigen Dampfloksonderfahrten erreichten nur einen kleinen Kreis von Enthusiasten. Die Propagierung des IC- und ICE-Verkehrs durch die Bundesbahn trägt zu der Meinung bei, zwischen dem „Adler" von 1835 und dem ICE von 1990 habe sich nichts Wesentliches auf deutschen Schienensträngen zugetragen. Vielleicht können wenigstens die Bilder dieses Heftes einen schwachen Abglanz dessen liefern, was einmal die große Zeit der Dampflokomotive und damit Alltag im Schienenverkehr hieß. *1991*

# Das Eisenbahnjahr 1962

Ein neues Beginnen regt dazu an, einmal eine Bestandsaufnahme vorzunehmen, einmal die Frage zu stellen, wie sieht es aus auf den Schienensträngen in europäischen Landen oder jenseits des großen Teiches, 127 Jahre nach Gründung der ersten deutschen Eisenbahn, 133 Jahre nach dem Lokomotivrennen von Rainhill und 158 Jahre nach Entwurf der ersten Trevithickschen Schienenlok? Denn um sich auf das Kommende zu rüsten, ist es notwendig, sich über das Gegenwärtige klar zu werden, so, wie der Kaufmann sein Geschäft mit einer Inventur und einer Eröffnungsbilanz beginnt.

Da gibt es im Jahre 1962 manch erfreuliche Tatsache zu berichten und in Deutschland bei der Deutschen Bundesbahn einen bemerkenswerten technischen Höchststand festzustellen. Im Jahre 1962 wurde erstmalig seit 1939 die Geschwindigkeit auf einer deutschen Bahnstrecke wieder auf 160 km/h heraufgesetzt, und zwar auf dem Streckenabschnitt Mannheim – Basel. Zwar ist diese Geschwindigkeitserhöhung zunächst auf den Lauf des Fernschnellzuges „Rheingold“ beschränkt, aber sie läßt uns doch auch für andere Strecken eine Steigerung erhoffen, die sich schon im nächsten Jahre bemerkbar machen wird. Die Deutsche Bundesbahn folgt dabei dem allgemeinen Zug zur Geschwindigkeitssteigerung, wie er in aller Welt festzustellen ist. Besonders Frankreich ist in dieser Hinsicht führend. Nicht allein, daß es über eine Reihe hervorragender Schnelläufe verfügt, im vergangenen Jahre hat man dort durch Versuche bewiesen, daß eine Erhöhung der Geschwindigkeit auf 200 km/h auf Strecken der klassischen Bauart ohne weiteres möglich ist, falls nur die entsprechenden Sicherungen eingebaut werden.

In Deutschland ernten wir heute die Früchte einer weitschauenden Elektrifizierungspolitik, die es ermöglicht hat, daß derart lange Zugläufe wie beispielsweise Köln – Basel, Dortmund – Basel oder München – Dortmund heute elektrisch betrieben werden können. Noch günstiger wird sich das Bild gestalten, wenn auch die beiden Nord-Süd-Strecken Hamburg – Hannover – Gemünden und Hamburg – Bremen – Münster – Wanne-Eickel elektrifiziert sein werden, Projekte, die schon in Arbeit sind und deren Abschluß für 1965/66 vorgesehen ist. Dann wird es möglich sein, Züge von Hamburg bis München elektrisch zu fahren und eine fühlbare Steigerung der Reisegeschwindigkeit zu erzielen.

Insofern ist der Einsatz der neuen RheingoldGarnitur ein recht erfreulicher Auftakt, der mancherlei für die Zukunft hoffen läßt. Die Höchstgeschwindigkeit der für den „Rheingold" eingesetzten Loks der Baureihe E 10 wurde durch Änderung des Übersetzungsverhältnisses Motor-Treibachse von 150 auf 160 km/h gesteigert. Die Loks sind äußerlich an ihrem zweifarbigen Anstrich kenntlich. Ferner hat man ihren Nummern einen Tausender vorgesetzt. Zur Zeit sind die Loks E 10 1239 bis 1244 in Betrieb.

Die elektrische Traktion wird auch in den kommenden Jahren die Hauptlast des Durchgangsverkehrs übernehmen. In dieser Hinsicht entspricht die deutsche Entwicklung der anderer Länder. Diese Verschiebung des Schwergewichtes auf die Hauptbahnen läßt natürlich die Nebenlinien ins Hintertreffen geraten. Hier wird sich die weitere Einstellung von Linien nicht vermeiden lassen, und es ist gut, sich mit dieser Tatsache beizeiten abzufinden, so schmerzlich sie für diesen oder jenen der Betroffenen auch ist. Am weitesten voran mit der Umrüstung seiner Bahnen ist wohl Frankreich, das alle diese Schritte im wesentlichen schon hinter sich hat. Die Schweiz und die Niederlande können wir schlecht vergleichen, weil deren Netze schon vor dem Kriege zum größten Teil elektrifiziert waren. Frankreich will bis 1970 die Dampftraktion ersetzt haben. Auch die Länder des Ostblocks machen gewaltige Anstrengungen, allen voran die Sowjetunion und Polen.

Die Strecken, für die sich wegen ihres geringeren Verkehrsaufkommens eine Elektrifizierung nicht lohnt, werden Domizil der Dieselloks und der Dieseltriebwagen bleiben. Gerade hier hat das Jahr 1962 einen gewaltigen Einbruch in das Arbeitsgebiet der Dampflok gebracht, denken wir an den Einsatz der universell verwendbaren Dieselloktype V 100, die in großen Stückzahlen allmonatlich die Herstellwerke verläßt. Ähnlich universell ist die V 160, deren Einsatzgebiet vom Schnellzugdienst bis zum Güterzug- und Verschiebedienst reicht. Das Erscheinen dieser neuen Loks bringt auch im Fahrplan mancherlei Änderungen, ist doch vorgesehen, selbst derart klassische Dampfstrecken wie die Allgäubahn auf Dieseltraktion mit der V 160 umzustellen.

Für schwerste Aufgaben wurde schließlich die V 320 entworfen, deren universellem Einsatz kaum noch Grenzen gezogen sind. Doch ist hier das Versuchsstadium noch nicht abgeschlossen.

Die neuen Dieselloks verkörpern eine gewisse Standardkonstruktion, deren Hauptmerkmal das Baukastenprinzip ist. Charakteristisch ist der Gelenkwellenantrieb, der sich mehr und mehr durchsetzt und heute auch schon bei kleinen Rangier- und Werksbahneinheiten den Stangenantrieb ersetzt. Das gleichmäßige Drehmoment, die weitgehende Wartungsfreiheit und der geringe Verschleiß sind Eigenschaften, die der Bauart viele Freunde gewonnen haben. Die Rangierlok V 60 gehört heute schon zum gewohnten Bild, sie hat sich rasch eingebürgert. Durch ihren Einsatz sind viele Dampfrangierloks der alten Länderbahnen, die in geringerer Stückzahl immer noch vorhanden waren, überflüssig geworden, denken wir nur an die badischen Xb, Reihe 92.2, an die württembergische Tn, Reihe 94.1, an die bayrische R 4/4, Reihe 92.20 und vor allem an die zahlreicher vorhandenen preußischen T 9.3 und T 13, die den Weg alles Irdischen, in diesem Falle zum Schmelzofen, angetreten haben.

Nun, es ist kein Geheimnis, und eine Umschau im Jahre 1962 verrät es uns deutlicher als je zuvor: Mit der Dampflok geht es zu Ende, nicht nur in Deutschland, in der ganzen Welt. Die Lokfriedhöfe nehmen überhand, auf vielen Bahnhöfen stehen Maschinen herum, verrostet, abgewrackt, und der Reisende bekommt manche seltene Type erst auf dem Lokfriedhof zu sehen. Neue Typen werden nicht mehr gebaut, selbst das Heimatland der Dampfmaschine, das traditionsbewußte England, hat ihr den Abschied gegeben und stellt laufend neue Diesellok-typen in Dienst, diese allerdings gleich in einer Typenvielfalt, daß dem englischen Eisenbahnfreund vollwertiger Ersatz geboten wird und jedem Sammler von Lokbildern wahrscheinlich das Herz im Leibe lacht. Auch die deutsche V 200 ist in England als Reihe D 800 mit über 70 Stück vertreten, ihre Bauform ist nur

wenig verändert. Wie schön, wenn man im fremden Lande gleich einen alten Bekannten trifft.
Die Deutsche Bundesbahn ist dabei, die Zahl der Dampfloktypen radikal einzuschränken. Manch liebe Maschine tritt aus diesem Grunde ihre letzte Fahrt zum Zerlegebahnhof an. Ganze Gattungen sind in der letzten Zeit verschwunden, so die schon erwähnte T 9.3 (Baureihe 91.3), T 13 (Baureihe 92.5), die größeren G 8.2 (Baureihe 56.20) und die 85er, nachdem bei der großen Ausmusterungswelle 1948/50 bereits viele tüchtige Bauarten geopfert wurden, um eine Rationalisierung herbeizuführen. Zur Zeit geht es den letzten T 12 (Baureihe 74.4) schwer an den Kragen. Auch die Tage der T 14.1 (Baureihe 93.5) sind gezählt, und in Württemberg werden die T 5 (Baureihe 75.0), in Baden die VIc (Baureihe 75.4, 10) zu Raritäten.
Von den alten Länderbahnloks sollen nur die T 18 und die T 16.1 (Baureihe 94.5) im Erhaltungsbestand „vorläufig" bestehen bleiben. Damit ist auch das Todesurteil über die P 8 (Baureihe 38.10) und die P 10 (Baureihe 39) und die letzten Länder-Güterzugloks gesprochen. Maschinen, an deren Verschwinden wir uns nur schlecht gewöhnen können, weil ihr Anblick derart vertraut war, daß man sie als selbstverständlich hingenommen hat. Viele Eisenbahnfreunde wird auch besonders traurig stimmen, daß die S 3/6, nachdem sie seit der Ausrüstung mit neuen Kesseln noch eine späte Blüte erlebt hat, nicht mehr auf der Bestandsliste geführt wird.
Dafür bleiben uns aber manch schöne Einheitsloks noch eine Weile erhalten, sei es unser „Bubikopf", die Baureihe 64, oder das liebe „Steppenpferd", die Baureihe 24. Und auch die 01er und 03er werden das Rennen noch einige Jahre mitmachen, wenn man sich auch für die 03.10er einmal einen besseren Plan wünscht, in welchem sie zeigen können, was in ihnen steckt. Denn als „Fernschnellzugloks par excellence" ist ihr jetziges Einsatzgebiet im Raume Hagen – Dortmund – Köln recht wenig attraktiv.
Nun, das sind Geheimnisse der DB, die wir nicht ergründen wollen und auch gar nicht ergründen können. Freuen wir uns, daß sie überhaupt noch vorhanden sind, freuen wir uns an den ande-

ren Gattungen, die alle des Betrachtens wert sind. Manche ist zwar etwas stiefmütterlich behandelt worden. Denken wir nur an die bayrische G 3/4, die Reihe 54, eine sehr tüchtige, zuverlässige und treue Maschine. Aber wer kennt sie überhaupt? Wer nimmt von ihr Notiz?

Eines scheint heute schon festzustehen: Die letzte Dampflok, die auf deutschen Schienensträngen rollt, wird wohl eine 50er sein. Von ihr gilt das gleiche wie von der 54er, nur in umgekehrtem Sinne. Man sieht sie schon nicht mehr, weil sie uns überall begegnet.

In Mitteldeutschland laufen noch die letzten sächsischen Typen, bewährte, tüchtige Bauarten, die leider in der Bundesrepublik zu wenig bekannt sind, so die XII H2 (Reihe 38.2), die XI HT (Reihe 94.20) und bei der Versuchsanstalt Halle noch zwei XXHV, jene erzgebirgischen Riesen der Reihe 19.0, die einmal dazu ausersehen waren, Einheitsloks zu werden und es – leider – nicht geworden sind.

Eine verblüffende Tatsache läuft mit dem Verschwinden der Dampflok parallel: Mit der Abnahme ihres Bestandes nimmt die Zahl ihrer Freunde noch zu. Mag es daran liegen, daß die Elektro- und Dieselloks äußerlich so wenig anziehend sind, daß sie keine kreisenden Stangen aufweisen, keine Riesen-Treibräder, oder mag es daran liegen, daß man in der Dampflok einfach die „gute alte Zeit" verkörpert sieht – der erwachsene Mensch ist ja nun einmal rückschauend eingestellt – wir wissen es nicht. Wir können nur den Tatbestand als erfreulich verzeichnen.

Um so befremdlicher stimmt es uns, wenn wir sehen, wie wenig getan wird, diese oder jene geschichtlich wertvolle oder sehenswerte Type für die Nachwelt zu erhalten. Auf diesem Gebiet sieht es wahrlich traurig aus. Auf der einen Seite werden z. B. bei Film- und Fernsehaufnahmen historischer Begebenheiten moderne Loks mit erheblichem Aufwand auf alt „getrimmt", weil Loks aus früheren Zeiten nicht vorhanden sind. Andererseits scheut man die Kosten einer Konservierung von Loks oder kommt mit der Phrase, man wisse nicht wohin damit. Verhältnisse wie in den USA, wo man mit der „General" noch umherfahren kann, sind bei uns undenkbar.

Selbstverständlich ist in den beiden Museen zu Nürnberg und München kein Platz vorhanden. Aber muß es denn sofort ein Museum sein? Genügt es denn nicht, die Loks zunächst überhaupt erst einmal sicherzustellen? Findet sich kein alter Lokschuppen, in dem die Maschinen abgestellt werden können? Ist denn noch keiner unserer großen Stadtplaner auf die Idee gekommen, auf den Bahnhofsvorplatz eine alte Lok zu stellen, vielleicht eine, die mit der Stadt sogar in Beziehung gestanden hat?
Und was steht denn schon in unseren Museen außer der S 2/6? Die „Landwührden", die „Pfalz", die „Phönix", die aufgeschnittene „Nordgau", eine BB I und – – – ? Damit wäre der „repräsentative" Querschnitt durch den deutschen Lokbau schon erschöpft. Dabei waren 1945 Möglichkeiten über Möglichkeiten vorhanden, nachzuholen, was unsere Väter 20 Jahre vorher versäumt hatten. Was trieb sich damals alles an Veteranen auf den Schienenstrangen herum. Wir fragen uns: Denkt niemand an 1980 oder 1990? Denkt niemand, welcher Schlager es einstmals sein wird, Sonderzüge mit Dampfloks fahren zu lassen? Gerade die so rationale Bundesbahn sollte doch heute schon an den Kassenerfolg von morgen denken. Und die Beispiele aus den USA zeigen, welche Reklame eine alte Dampflok sein kann. In dreißig Jahren wird es ein Genuß sein, sich von einer alten Dampfmaschine vollräuchern zu lassen! An die paradiesischen Zustände in England, wo die Eisenbahnfreunde ideelle und materielle Patenschaften über alte Loks übernehmen, ja selbst diese Maschinen betreiben, wagen wir gar nicht zu denken.
Man verüble uns nicht, wenn wir gerade unter dem Thema „Eisenbahn 1962" den maßgebenden Eisenbahnmännern eine Tatsache mit aller Deutlichkeit vorhalten. Der Mensch braucht im 20. Jahrhundert mehr denn je zuvor eine gewisse Romantik als Quell seelischer Kräfte, um so mehr, je trister und eintöniger unser Leben wird. Die moderne Technik ist nüchtern, kalt, sachlich, ihr fehlt die Kontaktmöglichkeit. Man kann nicht auf der einen Seite über das Problem der Jugenderziehung stöhnen, man kann der Jugend keinen Mangel an Idealen oder ihr Ausweichen in minderwertige Leitbilder vorwerfen, wenn man selbst nichts dazu tut, ihr ein bißchen Romantik, ein bißchen Schwärmerei zu

bieten. Ja, unsere übergescheiten Experten lachen noch darüber. Vor hundert Jahren schwärmte man für die Postkutschenromantik, vor 150 Jahren für die Ritter-Romantik, vor 200 Jahren für die Romantik des Altertums. Wieviel Freude, wieviel seelischer Reichtum, wieviel innere Wärme ist aus derartiger Schwärmerei entstanden! Freilich, mit dem Verstand ist da nicht viel anzufangen, der Verstand ist über derartige Dinge sowieso turmhoch erhaben.

Unsere Worte gelten gleichermaßen für die Privatbahnen und die Eisenbahnen in Mitteldeutschland. Auch dort wird über der heutigen Rationalisierung das Morgen vergessen. Wir möchten den maßgebenden Stellen mit aller Eindringlichkeit zurufen: Rettet wenigstens eine XX HV, den Stolz der alten Sächsischen Staatsbahn, rettet eine preußische S 10.1, rettet eine S 3, wenn noch vorhanden. Die Nachwelt wird euch ein Denkmal setzen. Aber wer hat je auf den Rufer in der Wüste gehört? Vielleicht ist infolge der unermeßlichen Zerstörungen der Kriege der Wertbegriff ins Wanken geraten, daß der Verlust einer alten Lok überhaupt nicht zählt.

Aber noch sind die Dampfrösser ganz munter auf den Rädern, und in Deutschland wird es wohl noch einige Jahre dauern, bis die letzte Schaufel Kohle auf den Rost geworfen wird.

In den USA ist die Dampflok bereits ganz verschwunden, die Diesellok triumphiert dort. Aber die Verhältnisse in den USA lenken unsere Blicke auch auf etwas anderes, auf den schweren Existenzkampf, den die dortigen Bahnen führen. Wohl liegen die Verhältnisse in der Alten Welt günstiger, und das Jahr 1962 hat noch einmal alle Reiserekorde des Vorjahres gebrochen. Aber wer gibt uns die Garantie, daß es so bleibt? Die Konkurrenz des Kraftwagens ist für die Eisenbahnen erdrückend. Sie können ihr nur mit stärksten Einschränkungsmaßnahmen begegnen, oder umgekehrt, sich selbst mit allen Mitteln so anziehend wie möglich gestalten. Manche Stimme aus Wirtschaftskreisen hat das Wort fallen lassen, daß die Eisenbahn in ihrer jetzigen Form ihre Daseinsberechtigung überhaupt verloren habe. Nun, es kommt darauf an, unter welchem Blickwinkel man die Frage betrachtet. Denn noch ist es nicht soweit. Und solange keine andere Mög-

lichkeit gefunden worden ist, Massengüter zu befördern, wird sie auch noch eine ganze Reihe von Jahren in Betrieb bleiben.
Machen wir uns deshalb darüber noch keine Gedanken. Im Gegenteil, auch die Deutsche Bundesbahn geht daran, wie wir eingangs schon erwähnten, die Geschwindigkeit zu erhöhen und veranstaltet Versuche, Züge mit 180 km/h laufen zu lassen. Versuchsloks für 200 km/h befinden sich in der Entwicklung. Allerdings können derartige Fahrten nur auf kreuzungsfreien Strecken durchgeführt werden. Leider ist deren Zahl zur Zeit noch beschränkt, so daß es ein weiter Weg bis zur Verwirklichung dieses Zieles ist.
Aber der neue „Rheingold-Expreß" hat den Anfang gemacht, wir leben in der Hoffnung. Deshalb ist das Ergebnis unserer Bestandsaufnahme nicht ungünstig, wir haben schon noch etwas in die Bilanz-Waagschale zu werfen. Denn nicht die Spitzenleistungen machen die Qualität des Eisenbahnverkehrs aus, sondern der Durchschnitt gibt, wie in allem, auch hier den Ton an. Reisegeschwindigkeit, Reisekomfort, Sicherheit sind die alltäglichen Begriffe, mit denen die Eisenbahnmänner sich zu befassen haben. Wir wollen daher nicht vergessen, daß hinter aller Technik, hinter aller Automation und Perfektion die Eisenbahner stehen, jene dem Flügelrad verschworene Gemeinschaft. *1962*

# Ein kleines Kapitel über Qualm

Es ist schon eine Zeit her, da erschien in einer unserer namhaftesten Tageszeitungen ein Aufsatz unter dem Titel: Abschied von einer Nie-Geliebten. Das Thema behandelte das Ende der Dampftraktion und der Verfasser – sein Name ist uns wieder entfallen – legte dar, wie nun die ganze Menschheit aufatmen könne, weil endlich diese schmutzigen, abscheulichen Dinger, diese Dampflokomotiven von der Bildfläche verschwinden. Endlich würde auch das Eisenbahnwesen von neuzeitlichen und modernen Bestrebungen erfaßt. Es gäbe eigentlich niemanden, der der Dampflok eine Träne nachweine, sie sei von Anbeginn an in ihrer drohenden Schwärze, in ihrer Finsternis, in ihrer Unheimlichkeit eine Art Alpdruck gewesen und habe wie ein Moloch die bejammernswerte Menschheit bedroht. Seit Jahrzehnten rolle sie als eine Art Kinderschreck durch die Welt, belästige die Mitmenschen und das Abscheulichste seien überhaupt der Qualm und Gestank nach Öl und Kohle, der von ihr ausgehe, für einen modern denkenden Menschen eine Qual und eine Beleidigung. Die Dampfmaschine sei sowieso eine der unästhetischsten Erfindungen, die es gegeben habe. Hingegen wohne in den modernen Elektroloks Harmonie, Ausgleich und Sauberkeit.

Elektro- und Dieselmaschinen entsprächen nun einmal dem zivilisatorischen Höchststand der Mitte des zwanzigsten Jahrhunderts. Sicher habe das Dampfzeitalter eine gewisse Aufgabe erfüllt, aber Gott sei Dank sei diese üble Epoche der Menschheitsgeschichte nun glücklich überwunden. Es liegt uns völlig fern, den Schreiber des Aufsatzes irgendwie zu kritisieren. Im Gegenteil, wir müssen noch mehr lernen, Toleranz zu üben. Denn gerade wir Eisenbahnfreunde nehmen uns ja auch das Recht heraus, beispielsweise an der Schönheit eines stinkenden, knatternden Lastkraftwagens zu zweifeln. Wir können nicht einsehen, daß einem derartigen Gefährt eine größere Schönheit inne wohnen sollte, als etwa der Dampflokomotive, jetzt einmal von der Anbetung des Götzen Fortschritt abgesehen. Aber es kommt ja immer auf den Standpunkt an.

Dennoch müssen wir irgendwie Stellung nehmen, wie es in der modernen Umgangssprache so schön heißt. Ist es denn wirklich so, daß die leidgeprüfte Menschheit nun endlich aufatmen kann und wenigstens von einer ihrer vielen Geißeln befreit wird?
Nein, die Dinge liegen nicht so einfach, wie es auf den ersten Blick den Anschein haben mag. Es geht auch in Wirklichkeit gar nicht um den Abschied von einer Nie-Geliebten. Wir möchten vielmehr sagen, daß es sich hier – gebrauchen wir einmal ein vermessenes Wort, dabei Gefahr laufend, gesteinigt zu werden – um den Abschied von der klassischen Vernunft handelt, von einer Vernunft, die durch das Überspannte, Überdimensionale, die durch die Jagd nach einem unbekannten Ziel abgelöst wird. Ging es vor hundert Jahren allein darum, den Menschen samt seinen Gütern besser und bequemer zu befördern als auf Schusters Rappen oder mit dem bekannten Hafermotor, so geht es heute vielmehr um – ja, um was denn eigentlich?

Abschied vom Qualm, Anhimmelung der Moderne, diese Gedanken mögen Symptom für die Krankheit unserer Zeit sein, die in einem völligen Wandel alles Hergebrachten gipfelt. Seit Jahrzehnten befinden wir uns in einem Umschichtungsprozeß, nur aus dem heraus erst manche Dinge erklärbar sind. Wie dieser Prozeß in Wirklichkeit aussieht, hat der österreichische Volkswirt E. Gangl in Worte gekleidet, die wir hier auszugsweise wiedergeben wollen und die auch für das Gebiet des Eisenbahnwesens Gültigkeit haben:
„Die übertriebene Spezialisierung ist das Grundübel unserer Zeit. Das extreme Spezialistentum entspringt einem Organisationsfehler sozialer Ordnung; er hat sich bei der überstürzten Technisierung des letzten Jahrhunderts unbemerkt eingeschlichen und erscheint als das Ergebnis einer organischen Entwicklung, obwohl er eine Fehlentwicklung ist. Der Gedanke der Arbeitsteilung wurde in einem Maße verwirklicht, in welchem er kein Segen mehr ist, sondern ein Fluch. Die richtige Mitte zu halten ist ein altes Gebot der Lebenskunst; diese Kunst, das Leben unter dem Gesichtspunkt einer kulturellen Verpflichtung zu meistern, ist uns heutigen leider abhanden gekommen. Nicht zuletzt infol-

ge der zerstörerischen Hast, einem unrichtigen Fortschrittsgedanken und der vernunftwidrigen Gleichsetzung von „groß" und „gut".
Das Spezialistentum ist die Ursache aller Krisen dieser daran so reichen Zeit. Es ist das Ergebnis zu weit getriebener Arbeitsteilung in Verbindung mit bedenkenloser Zentralisierung, wobei beide Maßnahmen sich gegenseitig fördern.
Unter diesen Gesichtspunkten klärt sich auch die allgemeine Situation unserer Tage und wir erkennen, daß mit graduellen Abweichungen die ganze zivilisierte Welt an den gleichen Krankheiten darniederliegt: Verpolitisierung, aufgeblähte Bürokratie, Rechtsunsicherheit durch Vielzahl und Länge der Gesetze, Verhimmelung der technischen Leistungen ohne Würdigung ihrer Rückwirkung auf das Wohl der Menschen, Ziel- und Ratlosigkeit in privaten wie in öffentlichen Dingen, Zerfall der Familie usw."
Weil wir glauben, daß das Kapitel vom vielgelästerten Qualm in Wahrheit erfreulicher ist, als es den Anschein hat, und wir wollen, daß uns noch so lange wie möglich recht viel Qualm und Dampf unter die Nase weht, wollen wir so weitermachen.
Unsere erste Lieferung des LOK-MAGAZIN hat ein Echo gefunden, wie wir es uns erfreulicher nie hätten träumen lassen. Wir haben so viele Briefe bekommen, zustimmende, begeisterte – es war auch nicht eine abfällige Kritik darunter – daß wir uns geradezu verpflichtet fühlen, den beschrittenen Weg weiter zu gehen. Die Liebe zur Dampflokomotive soll uns jedoch nicht hindern, auch der modernen Entwicklung unsere Aufmerksamkeit zu schenken. Diese Absicht mag gleich ein Hinweis auf die neue Gestalt der E 10 belegen, wie sie im Oktober vergangenen Jahres erstmalig der Öffentlichkeit vorgestellt wurde. Wir meinen die E 10 1265, die für den Rheingoldzug bestimmt ist. Gewiß wird man geteilter Meinung sein über die neue Form der Stirnwände. Das Gesamtbild macht jedoch einen wesentlich formschöneren Eindruck als die Standard-E 10, wie denn unsere Elektrolokomotiven sich durch starke Nüchternheit – begründet – auszeichnen. Auf dem Gebiet der Elektrolok tut sich zur Zeit mancherlei. Am Entwurf der neuen Schnellfahrlokomotive Reihe E 03, die künftig Versuche mit 200 km/h Geschwindigkeit unternehmen soll, wird

eifrig gearbeitet. Bei Bamberg und in der Lüneburger Heide werden bereits „Rennstrecken“ hergerichtet. Auch die mitteldeutsche Reichsbahn ist nicht müßig. Die dort neu entwickelte Mehrzwecklokomotive Baureihe E 11 ist inzwischen in Serie gegangen, nachdem die beiden Versuchsmaschinen ihre Bewährungsprobe abgelegt haben. Im Laufe des Jahres 1962 wurden die ersten 15 Maschinen abgeliefert, denen im Jahre 1963 weitere 14 folgen sollen. Sie sind dazu bestimmt, die teilweise noch in Betrieb befindlichen alten Stangenmaschinen abzulösen. Entsprechend der Tendenz, wie sie auch bei der DB herrscht, wird die Lokomotive auch mit kleinerer Übersetzung für den Güterzugdienst als E 42 geliefert. Hiervon brachte das Jahr 1962 zwei Stück und das Jahr 1963 sieht weitere 17 vor.

Von einem unserer Leser erhielten wir einen ob seiner kernigen Kürze so eindrucksvollen Brief. Er schreibt: Verschonen Sie uns mit den Diesellokomotiven, wir kriegen diese Dinger in Zukunft sowieso noch über.

Der Herausgeber des LOK MAGAZIN bekennt ehrlich: Nichts wäre ihm lieber, als dem Wunsche jenes Lesers zu folgen. Aber er hat nun einmal Verpflichtungen jenen Eisenbahnfreunden gegenüber, die sich für die moderne Entwicklung interessieren. Und schließlich wollen wir alle ja auch „auf der Höhe der Zeit“ bleiben. In zwanzig Jahren werden sich die Eisenbahnfreunde auch an diesen Maschinen begeistern.

Ein großes Echo hat unser Appell zur Rettung alter Dampflokomotiven gefunden. Von vielen Seiten ist uns Hilfestellung zuteil geworden. Auch die Deutsche Bundesbahn hat einige Ansätze gemacht, wenigstens einmal auf diesem Gebiet etwas zu tun. Wir hoffen von ganzem Herzen, daß es nicht bei diesem einen Versuch bleibt, sondern ernster Wille und ehrliches Wollen dahinter stehen. Schließlich dürfen wir nicht übersehen, daß die Dampflokomotive genau so ein Stück abendländischer Kultur ist, wie etwa der Kölner Dom oder die Manessische Handschrift. Man kann nicht das eine erhalten wollen und über das andere hinweg gehen, nur weil es aus dem früher nicht salonfähigen Gebiet der Technik stammt. Oder wird ein Kulturdenkmal erst interessant, wenn es nach Jahrhunderten ausgegraben wird?

Nur ein Bruchteil dessen, was manchmal für den Erhalt wertloser alter Mauern ausgegeben wird, die aus einem falsch verstandenen Lokalpatriotismus heraus konserviert werden, genügt, um die Sünden unserer Väter wenigstens zum Teil wieder auszubügeln.

In diesem Zusammenhang erreicht uns eine frohe Botschaft aus Mitteldeutschland, bei der vielen Eisenbahnfreunden das Herz höher schlagen wird: Von der sächsischen XX HV, der Baureihe 19, bleiben vier Stück erhalten! Die Maschinen bekommen neue Kessel, sie werden, wie man dort sagt, „rekonstruiert". Wünschen wir, daß diese Maschinen noch viele Jahre den deutschen Eisenbahnen erhalten bleiben mögen, nicht zuletzt, daß auch den Eisenbahnfreunden der Bundesrepublik die Möglichkeit gegeben wird, diese prachtvolle und leistungsfähige Maschine zu bewundern.

Daß bei der Deutschen Bundesbahn das große Dampfloksterben unvermindert weiter geht, ist keine Neuigkeit mehr. Wir wollen künftig regelmäßig auch im Bilde den Leser über diese makabren Dinge informieren.

Der Hauptaufsatz unserer heutigen Folge ist die Geschichte der ELNA-Lokomotiven, jener liebenswerten Gattung von Nebenbahnmaschinen, die heute als letzte Überbleibsel alter Kleinbahnromantik noch hie und da zu finden sind. Es bleibt dem Leser anheim gestellt, sich an der Vorstellung eines jener Kleinbahnzüge zu erbauen, an sein Lokomotivchen zu denken, das, fürchterliche Dampfwolken aus der krummen Esse speiend, dahergeholpert kam, sich mit seinem ächzenden Auspuff „ich schaff' es noch – ich schaff' es noch" selbst Mut zusprach, um unser Kapitel vom Qualm, das mit einer fragwürdigen Feststellung begann, zu einem tröstlichen Ende zu führen. *1963*

# Gedanken zur Reisezeit

Wie haben wir sie ersehnt all die langen Wintermonate über! Wenn draußen der verharschte Schnee bei jedem Schritt knirschte, wenn das Thermometer in Kältegraden schwelgte, dann ging wohl manchmal unsere Phantasie mit uns durch und wir sahen uns im Geist auf einer grünen Alm im warmen Sommernachmittag oder faul am Seegestade liegen. Allzu schnell aber fanden wir an der Straßenbahnhaltestelle in die Wirklichkeit, wenn aus unseren Gehwerkzeugen Eiszapfen wurden und selbst die Phantasie nur noch träge dahindämmerte. Das ist alles vergessen. Die Reisezeit ist wieder da, die Ferien sind gekommen. Mit Mann und Roß und Wagen schickt sich unser Volk an, seine alljährliche Wanderung anzutreten. Und wen es so weit wie möglich nach Süden zieht, kann man ihm das verdenken? Wer möchte nicht für die wenigen Urlaubstage einen Ferienort mit Garantieschein für hundert Prozent Sonne? Leider haben die Götter vor den Erfolg den Schweiß gesetzt und vor dem erwarteten Eintreffen im Ferienparadies liegen die Unbilden einer mehr oder weniger weiten Reise. Ihr sieht so manche Familie mit Grausen entgegen, und das vergangene Jahr hat ja auch bewiesen – denken wir nur an die unerfreulichen Zustände auf den Alpenpässen, die zu Ferienbeginn buchstäblich mit Kraftfahrzeugen verstopft waren – daß das Reisen auch heute noch nicht so einfach ist, wie es sein könnte. Ganz besonders, wenn man absolut durch Benutzen des eigenen Kleinwagens dokumentieren will, daß man schließlich auch „wer" ist.

Nun, jeder ist seines Glückes Schmied, jeder sein eigener Reiseleiter. Der Benzinstratege wird ewig unbelehrbar bleiben, lassen wir ihn daher ruhig auf dem Brenner seinem Landsmann den neudeutschen Kraftfahrergruß zeigen. Zwar kann auch das Reisen per Eisenbahn seine Tücken aufweisen, ganz besonders, wenn zu Ferienbeginn – dessen Termin ja von unseren Bildungsexperten sehr weise ausgewählt ist – sich ganze Städte auf ein und denselben Zug stürzen. Aber selbst in der Hochsaison der vergangenen Jahre hat es immer noch Züge gegeben, in welchen

ohne Mühe ein Fensterplatz zu erlangen war. Man sollte eben in dieser Hinsicht mit einiger Überlegung den Fahrplan betrachten! Die Reise im wenig attraktiven E 4711 kann genußreicher und angenehmer als im zwar renommierten, aber dafür überfüllten D 47 sein und wird kaum viel länger dauern.
Nun, trotz des endlos kalten Winters, trotz Bangens um das Sommerwetter, trotz Furcht, es möchte noch etwas dazwischenkommen, einmal ist es für jeden soweit. Der große Reisekoffer ist ins Gepäcknetz gewuchtet, man streckt die Beine behaglich ins Abteil, zieht die Jacke aus, macht es sich bequem, während der Zug langsam aus der Bahnhofshalle rollt.

Beginnt jetzt nicht der schönste Tag des Urlaubes? Ist die Fahrt zum Zielort nicht eigentlich der Höhepunkt, den wir mit ganz besonderer Andacht genießen sollten? Die Ferien sind zur Gewißheit geworden, nichts hält uns mehr von ihnen ab – es ist noch alles drin, wir haben sie noch mit ihrem ganzen Reichtum vor uns. Die Fahrt bringt uns mit jedem Schienenstoß dem ersehnten Ziele näher. Dabei gibt es bereits viel an Schönheit zu sehen, sie ist sozusagen im Fahrpreis inbegriffen, falls wir Wert darauf legen, etwas sehen zu wollen. Die Bundesbahn macht uns die Reise in ihren modernen Wagen denkbar bequem. Gemütlich gepolsterte Sitze, breite Fenster, selbst wer im Gang mit einem Klappsitz vorliebnehmen muß, genießt noch den Vorzug des unmittelbaren Blickes aus dem Fenster.
Wir nehmen das alles als selbstverständlich hin, so selbstverständlich, daß uns auch nicht auffällt, wie beispielsweise auf den Rheinstrecken die Fensterplätze alle nach der Stromseite liegen, eine Aufmerksamkeit, die wir der DB danken sollten. Denn es kommt nicht oft vor, daß sich eine Behörde bei solchen Handlungen etwas denkt.
Vor wenigen Monaten erfuhren wir, daß die DB ihre letzten Holzwagen abgeschafft hat. In drei Jahren soll es auch keine hölzernen Sitzbänke mehr geben. Nun, wer weint ihnen schon eine Träne nach? Ist das aber alles selbstverständlich?
Die Reisesaison 1963 bringt mancherlei Neuerungen, die unsere besondere Beachtung verdienen. Während der Fahrt haben wir

Muße, darüber nachzudenken und die vielgelästerte DB auch einmal zu loben. Geradezu als Markstein in der Aufwärtsentwicklung nach 1945 kann man die zwei Ereignisse des Fahrplanwechsels betrachten: Die Eröffnung der sogenannten Vogelfluglinie durch Inbetriebnahme der Brücke über den Fehmarnsund und die Eröffnung des elektrischen Betriebes auf dem Teilstück Hannover – Bebra der Nord-Süd-Strecke, die damit der vollen Elektrifizierung Hamburg – München ein gutes Stück näher gerückt ist.

Leider ist es ein Lächeln unter Tränen. Beide Ereignisse sind Folgen der Teilung unseres Vaterlandes, welche die Verkehrsströme in ganz neue Bahnen gelenkt hat. Diese Streckenverbesserungen haben bemerkenswerte Fahrzeitverkürzungen zur Folge gehabt. Eine ganze Reihe Züge wurde neu eingelegt, die vorhandenen sind schneller geworden. Aber auch anderweitig hat es viel Neues gegeben. Der „Rheingold-Expreß" hat sein Geschwindigkeitsmonopol verloren, auch der „Rheinpfeil" fährt nach Ausbau der Strecke Treuchtlingen – Ingolstadt – München mit 160 km/h Höchstgeschwindigkeit. Zwischen Stuttgart und München und Nürnberg und München sind jetzt 140 km/h zugelassen. Die DB unterliegt heute wie auch alle anderen europäischen Bahnen der Devise: Noch moderner, noch schneller! Die Zeit, in welcher wir 200 km in der Stunde fahren werden, rückt immer näher.

Freilich wird der passionierte Eisenbahnfreund alles mit einem lachenden und einem weinenden Auge betrachten. Das äußere Bild des Eisenbahnverkehrs ist eintöniger geworden, es entspricht der Uniformierung unserer Zeit. So wie unsere Damen alle die gleiche Frisur tragen, möglichst wie BB oder Liz Taylor auszusehen wünschen, so beherrschen die E 10 und V 200, 26-m-Wagen und Umbauvierachser das Bild im Reisezugverkehr mehr und mehr. Mancher ältere Urlauber denkt noch an die Zeiten vor dem letzten Kriege zurück, als Maschinen- und Wagenpark in ihrer bunten Vielfalt eine Augenweide waren, als man sich noch aussuchen konnte, ob man in einem preußischen oder bayrischen oder sächsischen Wagen fahren wollte.

Die vielen abgestellten Dampflokomotiven, denen wir auf unserer Reise begegnen, bestätigen unsere Gedanken. Wir stellen fest, daß der Bestand abermals dezimiert worden ist. Die S 3/6, die 24er, deren Ende recht überraschend kam, die 75er, 81er, 92er sind ausgeschieden mit wenigen Ausnahmen, dafür treffen wir immer häufiger die V 100 auf den Unterwegsbahnhöfen. Das bevorstehende Ende der Dampftraktion hat die Dampflokfreunde auf den Plan gerufen. Sie haben von der Schweiz aus eine Vereinigung zur Erhaltung und für den Betrieb von Dampflokomotiven, kurz EUROVAPOR genannt, gegründet. Die Vereinigung hat es sich zum Ziele gesetzt, abbruchreife Dampfeisenbahnen, die Dampftraktion, deren Dokumentation und mögliche Erhaltung zu fördern. Jedermann in Europa kann ihr beitreten. Dabei handelt es sich hier nicht um rückständige Phantastereien. Hier sind Menschen am Werk, denen es um die Erhaltung eines der wesentlichsten Zeugnisse unserer Kulturgeschichte geht. Die Ernsthaftigkeit der Angelegenheit geht daraus hervor, daß selbst so angesehene Unternehmen wie die Furka-Oberalp-Bahn Mitglied sind. Daß die Schweizer Eisenbahnfreunde Initiative besitzen, haben sie mit dem Kauf und Wiederaufbau der deutschen Lokomotive 18 478 bewiesen, die künftig – in der Schweiz zu besichtigen sein wird! Hoffen wir, daß sich auch unsere deutschen Eisenbahnvereine einmal etwas einfallen lassen.

Aber es ist wohl immer die Initiative des einzelnen gewesen, die zum Erfolg geführt hat. Denken wir an unseren Eisenbahnfreund Dr. Kristl, dessen Tatkraft die Erhaltung des „Walhalla-Bockerls" in Regensburg zu danken ist. Beide Namen, EUROVAPOR und Dr. Kristl, sollten uns gerade jetzt, da wir Zeit und Muße haben, ein wenig zum Nachdenken anregen.
Aber unsere Gedanken schweifen nicht nur in die Vergangenheit. Das wären schlechte Eisenbahnfreunde, die lediglich von der Erinnerung an alte Zeiten zehrten. Nein, gerade unsere Fahrt im modernen Zug sollte beweisen, daß auch die Gegenwart respektable Vorzüge hat. Unsere Vorfahren von 1863, die müde und verstaubt, schmutzig und zerschlagen noch das Doppelte bis Dreifa-

che an Fahrzeit gegenüber heute brauchten, waren nicht böse gewesen, hätte es damals schon einen „Rheinpfeil“ gegeben. So gelten unsere Gedanken auch dem modernen Maschinenwesen. Das hat durch Einsatz der Groß-Diesellokomotive V 320 001 eine beachtliche Erweiterung erfahren. Leider ist noch nicht geplant, diese Maschine in Serie zu bauen und wir hoffen, daß sie nicht das Schicksal der Dampf-06 teilt. Der Diesel-Fahrzeugpark erfährt mit dem Bau der V 90, einer 1100 PS starken dieselhydraulischen Rangierlokomotive, weitere Verstärkung. Mitteldeutschland baut jetzt eifrig seine V 180. Im Verschiebedienst läuft dort bereits seit einem Jahr die von der Tschechoslowakei gekaufte dieselelektrische Rangierlok V 75 in mehreren Exemplaren. Wer auf seiner Ferienreise noch eine E 32 zu Gesicht bekommt, der möge sie aufmerksam betrachten. Das Ausmusterungsurteil ist über diese bald 40 Jahre alten Stangenmaschinen gesprochen worden. Die Zahl der neuen schnellen E 10.12 ist schon auf elf Stück angewachsen, während die vor Jahresfrist für 160 km/h vorgesehenen E 10 1239– 1244 inzwischen wieder auf 150 km/h rückgebaut und in E 10 239–244 rückgenummert sind.

Reisezeit – schönste Zeit des Jahres! Wenn wir das Glück haben, daß unser Zug noch von einer Dampflok gezogen wird – es ist tatsächlich schon ein Glücksfall – dann wollen wir nicht über den Ruß und Qualm schimpfen. Das harmonische Geräusch der schwer sich in die Berge hinaufarbeitenden Maschine soll uns vielmehr ein freudiger Auftakt kommenden Erlebens sein – selbst wenn's nur eine 50er ist. *1963*

# Vier Lokomotiven – ein Zug

Ja, die fünfziger Jahre - welch eine Zeit! Die Dampflokomotive mußte ihre letzten Reserven aufbieten, um gegen die Elektrifizierung mitzuhalten. Schon rauschten auf den großen Hauptbahnen die ersten E 10-Lokomotiven daher, mehr und mehr wurden Fahrdrähte gezogen und veränderten das Bild der Landschaft. Der Kampf Strom gegen Dampf, der schon seit den dreißiger Jahren voll entbrannt war, erreichte seinen ersten Höhepunkt mit der Elektrifizierung der Rheinstrecken und der Spessartlinie. Dabei lag der große Zusammenbruch noch gar nicht so weit zurück, überall standen Relikte aus der Kriegszeit herum und rosteten still vor sich hin, sehr zur Freude des Lokomotivenfreundes. Denken wir an die letzten der seinerzeit aus Polen zurückgeführten ehemals preußischen Maschinen. Ständig gab es neue Hiobsbotschaften über ausgemusterte Baureihen. Mit Wehmut trauerte man der „schönen Württembergerin" 18.1 nach, die bis 1954 noch wacker mitgehalten hatte, desgleichen der ehemals bayerischen Maschinen der Reihe 38.4. Die Bayern bekamen 1951 in München Ost sogar erstmals die Stars der ehemals preußischen Staatsbahn vorgeführt, die Baureihe 17.10 – sie wurden zum Transport nach Jugoslawien hergerichtet, während dem Eisenbahnfreund das Herz blutete beim Abschied von diesen alten Rennern. Man mußte eilen, wollte man noch etwas vom Glanze früherer Dampflokherrlichkeit mitbekommen. Eine Pilgerfahrt nach Hamm galt als Gipfel aller Euphorie, denn dort standen bis 1958 noch die drei Schnellfahrlokomotiven der Reihe 05 in Betrieb. Damals geisterte auch das Schlagwort von den Splittergattungen, also von Baureihen, die nur noch geringe Stückzahlen von Loks umfaßten, durch die Eisenbahngazetten. So standen in Minden die drei 18.3 hoch im Kurs.

Die fünfziger Jahre verkörpern aber auch die Zeit, da es noch so manchen Zuglauf gab, dessen Benutzung ungetrübte Freude hervorrief, sei es, weil man noch relativ langsam die schöne deutsche Mittelgebirgslandschaft durcheilte, sei es, weil die Lokomotiven, die ihn beförderten, mehr und mehr ins Raritätenkabinett verdrängt wurden. An die Zugläufe mit den alten 18.4-Lokomotiven auf der Allgäubahn sei hier stellvertretend erinnert.

Doch hier soll von einem Zugpaar die Rede sein, das mir durch mehrfache Fahrten besonders lieb geworden ist und das auch unsere Fotos dokumentieren, nämlich die beiden D 83 und 84. Als Tagesschnellzüge verbanden sie Frankfurt am Main mit dem Ruhrgebiet, benutzten aber nicht die Rollbahn den Rhein entlang, suchten ihren Weg vielmehr „hintenherum über die Dörfer". Es gibt solche Züge auch heute noch, sie haben jedoch im Intercity-Zeitalter an Renommee eingebüßt. Eben deshalb umgibt die fünfziger Jahre noch ein besonderer Glanz. Für viele Ältere gelten sie als der große Aufbruch in eine bessere Welt, wie einstens die goldenen Zwanziger nach dem ersten Weltkrieg. Erst die sechziger Jahre mit ihren Unruhen beendeten die Aufbauphase des Landes und leiteten in die Konsumgesellschaft über. Noch konnte sich Mitte der Fünfziger nicht jeder Zeitgenosse ein Auto leisten, die Bahn war gefragt, und unser Zugpaar D 83/84 soll als Beispiel für jene Epoche dienen.
Der D 83 begann seine Reise gegen 14.20 Uhr im Frankfurter Hauptbahnhof. Er wies die damals übliche gemischte Wagengarnitur auf, Modelle der dreißiger Jahre, aber alsbald auch die ersten neuen 26,4 m langen Neubauwagen der Nachkriegsproduktion. Seinen Fahrweg gab das Zug- und Wagenverzeichnis über Gießen Siegen – Hagen – Essen nach Oberhausen an. Er führte sogar einen Kurswagen nach Amsterdam mit, der in Oberhausen auf den D 267 überging. Der Gegenzug trug die Zugnummer D 84. Konzentrieren wir uns auf ihn, denn ich hatte das Vergnügen, ihn öfter zu benutzen.

Es sei zugegeben – der 84er gehörte nicht zu den schnellsten seiner Gattung. Das war eben das Schöne an den Zügen jener Jahre, man genoß noch Muße, die Landschaft zu betrachten und das Bahngeschehen zu beobachten. Gegen 10 Uhr des Vormittags schob eine alte Dampflok Reihe 94.5, zuletzt eine V 60, die Zuggarnitur an den Bahnsteig, übernahm vom D 268, der den schönen Namen „Loreley-Expreß" führte, den Amsterdamer Kurswagen und kuppelte ihn an den 84er an. Man ließ sich noch Zeit bei diesem Geschäft, noch hatte die Raserei auf den deutschen Schienensträngen nicht begonnen. Inzwischen war auch das

Dampfroß, eine 41er des Betriebswerks Wanne-Eickel, eingetroffen und setzte sich vor den Zug, wie unser Foto vom Sommer 1957 ausweist.
Ob nun als Zaungast am Bahnsteigende oder als Passagier im Zugabteil, es machte Vergnügen, den kräftigen, sich schnell steigernden Auspuff der 41er beim Anfahren des Zuges zu bewundern. Zur Freude des Dampflokenthusiasten wiederholte sich das aller Nasen lang, denn in Mülheim-Stadt, Essen Hbf, Bochum Hbf, Bochum-Langendreer und Witten Hbf wurde gehalten, bis Hagen Hbf als vorläufiges Etappenziel erreicht war. Dort hieß es schnell zum letzten Wagen eilen, denn der Zug machte „Kopf“, er rollte also sozusagen rückwärts wieder aus der Bahnhofshalle heraus. Eine der formschönen 03.10-Schnellzuglokomotiven mit neuem Kessel legte sich vor den Zug.
Jetzt begann der genußvollste Teil der Fahrt. Bei gutem Wetter konnte man sich kaum sattsehen an der Landschaft, auch die Dampffetzen beobachten, die der Wind am Wagenfenster vorübertrieb. Noch gab es auch die Telegrafenstangen links und rechts vom Zug, deren Draht-„Girlanden“ in ständigem auf und ab den Zug begleiteten. Sie stellten damals ein Charakteristikum der Bahnstrecken dar und sind heute weitgehend verschwunden.
Der erste Halt galt Letmathe. Weit aus dem Fenster gelehnt genoß ich die Anfahrt des Zuges mit dem immer etwas heiser klingenden Auspuffschlag der Lok. Nun, die hier beschriebene Fahrt auf der Ruhr-Sieg-Strecke hat auch heute nichts von ihren Reizen eingebüßt, wenn auch die Poesie der großen Dampfwolken fehlt. Nach Halt in Altena, Finnentrop wurde Altenhunden erreicht, mit seinem interessanten Rangierbahnhof und den vielen damals abgestellten Lokomotiven, besonders der Baureihe 58.10. Hier setzte sich die Schiebelok hinten an den Zug – eine 44er oder 50er. Dann ging es mit Donnergetöse und einem Mordsspektakel die lange Steigung hinauf zum Rahrbacher Tunnel hinter dem kleinen Bahnhof Welschen-Ennest. Dort setzte sich die „Schiebe“ ab, es kam Leben ins Räderwerk, in rascher Fahrt rollte der Zug über Kreuztal nach Siegen.
Das aber war das schöne am 84er: Auch in Siegen wurde wieder „Kopf“ gemacht. Eine der nagelneuen 23er dampfte heran und

übernahm den Zug wohl als Nachfahre der alten 38.10-Lok, der früher diese Tour oblag.
Wieder fuhr man rückwärts aus dem Bahnhof, wieder tönte ein ganz anderer Auspuffschlag, der weithin über das Land hallte bis der Rudersdorfer Tunnel erreicht war. Dann aber flitzte die 23er mit ihrem Zug hurtig das Tal der Dill hinab, mit Halt in Dillenburg, Haiger, Wetzlar und Gießen, dem Ziel der dritten Etappe. Hier wurde nun zum letzten Mal die Richtung gewechselt. Aber welche Loktype würde den Zug übernehmen, eine schwere 01 oder eine 39er? So die Frage.
Weit gefehlt – eine Tenderlok der Baureihe 78 dampfte heran, kuppelte an, während ihre Sicherheitsventile verdächtig säuselten als Zeichen, daß der Kessel knallvoll aufgeheizt war. Abermals begann eine wilde Jagd. Die 78 weist ja nur einen Treibraddurchmesser von 1650 mm auf, mußte aber auf den geraden Streckenabschnitten mit 100 km/h laufen. Und abermals den Kopf aus dem Abteilfenster gereckt, um sich den Fahrtwind um die Nase wehen zu lassen – bis das erste Kohlebröckchen im Auge saß und mit einem Ausdruck der damals um sich greifenden Fäkalsprache quittiert wurde. Nach Halt in Bad Nauheim und Friedberg lief der 84er gegen 16 Uhr im Frankfurter Hauptbahnhof ein. Der Fahrgast legte wohl nach dem Aussteigen eine andächtige Pause vor dem Bremsprellbock ein, als stille Reverenz vor der mit klackenden Pumpen dampfenden Maschine. Reverenz auch vor den Lokmännern, die wohl wußten, was sie geleistet hatten, denn es war halt doch etwas anderes, dauernd mit Volldampf zu fahren, als vor einem Nahverkehrszug gemütlich über das Land zu zuckeln.
Ja, so war das während der fünfziger Jahre. Gegen Ende legten dann die beiden neuen Maschinen der Reihe 66 hier ihre Bewährungsprobe ab. Vier verschiedene Lokomotivbauarten hatten den D 84 befördert. Rechnen wir die Oberhausener Rangierlok der Reihe 94.5 hinzu, sind es ihrer fünf, alles typische Vertreter ihrer Zeit. Geblieben ist die Erinnerung. Sie verblaßt allmählich, die Erfordernisse der Gegenwart sind übermächtig, es bleibt wenig Zeit für Nostalgie. Und doch – wer möchte nicht noch einmal mit dem D 84 und seinem Lokomotivsortiment fahren ... ? *1992*

# Wie schnell fuhren sie wirklich?

Die 05 002 erreichte 1936 den Rekord von 200,4 km/h, dem 1938 die englische „Mallard", allerdings unter nicht vergleichbaren Umständen, mit 202,8 km/h folgte. Beides sind offiziell anerkannte und durch Meßstreifen belegte Geschwindigkeiten. – Soweit die offiziellen Zahlen. Der inoffizielle Teil sieht anders aus...

Die Dampflokomotive war kaum erfunden, da hub die Raserei schon an, da hing sich der Feuermann an das Sicherheitsventil, um ja aus der Kiste herauszuholen, was irgendwie ging. Oft genug setzte eine Kesselexplosion allen Rennfahrten ein Ende, aber wir haben trotzdem Zeugnisse genug, wie man besonders in den USA auf den miserabel verlegten Gleisen halsbrecherische Geschwindigkeiten erzielte.

Als die ersten Dampfzüge über Land schnauften, da packte die Bahngesellschaften der Ehrgeiz, einander auszustechen, und die Devise lautete: Eine Meile in der Minute! Das waren umgerechnet immerhin fast 100 km/h, die in den vierziger Jahren des vorigen Jahrhunderts erreicht worden sind. Wenige Jahre später waren es bereits 120 km/h, besonders nach Aufkommen der schnellen Crampton-Lokomotiven. Lediglich die schwache Kesselleistung der alten Lokomotiven, die ja ständig den Anforderungen hinterherhinkte, verhinderte, daß solche Geschwindigkeiten im planmäßigen Betrieb gefahren wurden. Es ist müßig, hier statistisch die jeweils erstmals erreichten Geschwindigkeiten zu erwähnen. Es sind ihrer zu viele, es sind auch zu viele Unfälle damit verbunden.

Die Gesetzgeber aller Länder machten dem Unfug der Raserei ein Ende, für jede Strecke wurde eine größte Geschwindigkeit festgelegt, die bei Strafe nicht überschritten werden durfte. So ist es bis heute allgemeiner Brauch geblieben, und es ist gut so.

Aus dem vorigen Jahrhundert ist uns als höchste erzielte Geschwindigkeit die Fahrt der Lokomotive 999 der New York Central Railroad vom 10. Mai 1893 überliefert worden, bei der 181 km/h erreicht worden sind. Wie exakt die gemessenen Werte

waren, weiß kein Mensch mehr, vermag auch niemand zu überprüfen. 1907 erzielte die jetzt im Verkehrsmuseum Nürnberg stehende bayerische S 2/6 erstmals 154,5 km/h Geschwindigkeit vor einem 150 t-Wagenzug, während in den USA die Gerüchte über die Rekordfahrt der Lok 7002 mit 204 km/h nicht verstummen wollen.
Das waren jedoch alles Einzelleistungen, im planmäßigen Betrieb galten in Europa 100 km/h als oberste Grenze und das auch erst seit der Jahrhundertwende. Noch vor Beginn des Ersten Weltkrieges waren keine höheren Geschwindigkeiten als 110 km/h erlaubt und wurden auch nicht gefahren, die Reisedurchschnitte der schnellsten Züge lagen bei 88 km/h, sie waren bei einer Spitze von 110 km/h auch ohne weiteres zu erreichen, die Lokführer brauchten sie nur ganz selten zu überschreiten.
In der Folgezeit sind wenig höhere Geschwindigkeiten bekannt geworden. Krieg und Nachkriegszeit mit all ihren Wirren und Problemen ließen das Interesse und auch die Möglichkeiten schwinden. Nur in den USA verlangte der Konkurrenzkampf der Bahnen untereinander nach immer höheren Geschwindigkeiten vor länger werdenden Zügen. Dort machte jedoch der Gesetzgeber allen Rennfahrten ein Ende, indem er die größte zulässige Geschwindigkeit auf allen amerikanischen Strecken auf 120 m. p. h. (miles per hour), das sind 193 km/h, begrenzte.

Es ist oft die Frage aufgetaucht, wieso die 200 km/h-Grenze in den USA nicht die Rolle wie in der alten Welt gespielt hat. Nun, diese Zahl besaß für die nach Meilen rechnenden Angelsachsen lange nicht die gleiche Anziehungskraft wie für den Mitteleuropäer. Dort lag einfach die Staffel anders: Zunächst waren es 100 m. p. h., also 160 km/h, die es zu erreichen galt. Dann folgten 120 m. p. h., die gleichzeitig die oberste Grenze bildeten. Es fehlte von der Ziffer her der Anreiz, etwa 122 oder 123 m. p. h. zu erreichen. Warum auch?
Die deutsche Dampflok 05 002 erreichte am 11. Mai 1936 den bekannten Geschwindigkeitsrekord von 200,4 km/h, dem am 3. Juli 1938 die englische Lok „Mallard", allerdings unter vergleichsweise nicht ganz fairen Umständen, mit 202,8 km/h folg-

te. Beides sind die offiziell anerkannten und durch Meßstreifen im Meßwagen belegten größten von Dampflokomotiven erreichten Geschwindigkeiten.
Soweit die offiziellen Zahlen. Der inoffizielle Teil sieht anders aus. Hier stehen die USA allen voran. 200 km/h waren dort durchaus keine Einzelleistung, sie durften allerdings nicht publik werden, und wenn wir eingangs erwähnten, daß man sich diese Geschwindigkeiten hinter der vorgehaltenen Hand erzählte, so gilt das besonders im Hinblick auf die 193 km/h-Grenze, deren Überschreitung keine Bahn zugeben wollte. Es existierte mindestens ein halbes Dutzend Loktypen, welche inoffiziell 200 km/h erreicht haben.
Die absolut schnellste Dampflok der Welt ist jedoch mit Abstand die S-1 der Pennsylvania Railroad. Mit der Stoppuhr wurden bei ihr 226 km/h gemessen. Die Gerüchte wollen jedoch nicht verstummen, wonach sie auch die amerikanische Traummarke von 150 m. p. h., das sind 240 km/h, erreicht haben soll. Technisch wäre es ihr jedenfalls möglich gewesen. Heute lassen sich diese Dinge nicht mehr nachprüfen. Daran, daß die S-1 Nr. 6100 die absolut schnellste Dampflok der Welt ist, besteht kein Zweifel mehr.
Interessant ist, daß die schnellen Fahrten in den USA alle vor Reisezügen stattfanden. Tatsächlich wurde vor den renommierten Fernschnellzügen auf den vorwiegend geraden Strecken besonders zwischen New York und Chicago vielfach schneller als im alten Erdteil gefahren. 100 m. p. h. waren keine Seltenheit, und das vor 1000 t-Zügen, die aus schweren Pullman-Wagen bestanden. Insofern haben wir in Deutschland keine rechte Vorstellung von der Leistungsfähigkeit amerikanischer Loks.

Lassen wir die USA beiseite und wenden wir uns vielmehr unseren schnellen deutschen Dampfrössern zu. Bei den meisten europäischen Bahnen gab es Dampfloks, die in der Lage waren, 170 und 180 km/h zu erreichen und die auch derartige Einzelleistungen vollbracht haben. 180 km/h dürfte auch die größte Leistung gewesen sein, die auf der sowjetischen Breitspur erreicht worden ist. Über die Rekordfahrten der alten DR berichteten wir bereits. Die berühmte Lok 19 1001 mit Einzelachsantrieb „soll" 180 km/h erreicht haben, doch widersprechen sich hier die Berichte. Sie wurde ja erst 1941 fertiggestellt, Zeit zu eingehenden Probefahrten war nicht vorhanden, insofern weiß man nicht so recht, wo die Grenze zwischen Wunsch und Wirklichkeit liegt.

Wirklichkeit sind indes die Leistungen der beiden Schnellfahrtenderlokomotiven 61 001 und 002, die es auf ähnlich hohe Werte gebracht haben. Sie waren für 175 km/h zugelassen. Das trifft auch heute noch für die in der DDR vorhandene umgebaute 61 002 zu, jetzige 02 0201, die im Nachkriegs-Deutschland das Blaue Band der Schiene trägt, erreichte sie doch während einer Versuchsfahrt in der Tschechoslowakei die stolze Geschwindigkeit von 183 km/h.

Ihr folgten die Lokomotiven der ehemaligen badischen Gattung IV h. Sowohl die beim DB-Zentralamt Minden vorhanden gewesenen Maschinen 18 316, 319 und 323 als auch die 18 314 der DR haben mehrfach Geschwindigkeiten von über 160 km/h erreicht, 18 314 soll an die 170 km/h herangekommen sein. Das sind alles Werte, die durch den Meßstreifen belegbar sind. *1971*

# Lokomotiv-Porträts

## Die Baureihe 05

Die Überführung der Dampflokomotive 05 001 in das Verkehrsmuseum Nürnberg hat vor einigen Monaten noch einmal die Blicke aller Eisenbahnfreunde auf diese berühmt gewordene Lokomotivgattung gerichtet. Die Lokomotiven der Baureihe 05 der Deutschen Reichsbahn waren – das kann man wohl mit Fug und Recht sagen – die schnellsten Dampflokomotiven der Welt. Trotz der englischen A 4 „Mallard", deren Leistung zwar ausgezeichnet war, die ihre große Geschwindigkeit jedoch auf einer Gefällestrecke von 5 Promille erreicht hat. Die historische Schnellfahrt der deutschen Lokomotive 05 002 fand jedoch auf ebener Strecke unter völlig normalen Betriebsbedingungen statt. Es ist nicht unsere Absicht, hier den alten Streit um die schnellste Dampflokomotive der Welt wieder aufzuwärmen und unseren englischen Freunden zu nahe zu treten. Wir können aber mit Recht stolz auf die Leistung unserer 05-Baureihe sein. Leider haben die Ereignisse von damals zu einer nicht immer den Tatsachen entsprechenden Legendenbildung geführt und manches Gegensätzliche, teilweise auch Unsinnige, ist gesagt worden. Wir fühlen uns daher verpflichtet, unseren Lesern eine sachliche Darstellung des Geschehens zu übermitteln.

Aber noch ein anderer Umstand veranlaßt uns, über die 05-Lokomotiven zu berichten. Diese Loktype spielt entwicklungsgeschichtlich eine bedeutsame Rolle. Erinnern wir uns, daß die Zeit der Länderbahnlokomotiven, deren Akzente von Hammel in Süd- und Garbe in Norddeutschland gesetzt worden waren, durch die Periode der sogenannten Einheitslokomotiven abgelöst wurde, deren Novum die Typisierung und Normung der Maschine und ihrer Einzelteile war. Diese Epoche reicht von 1925 bis 1945 und schließt mit den bekannten Kriegslokomotiven der Baureihen 52 und 42 ab. Zweifellos sind die Einheitslokomotiven eine organische Weiterentwicklung bewährter Baugrundsätze. Rückschauend erkennen wir jedoch, daß der entwicklungsgeschichtliche Höhepunkt jener Zeit auf einem anderen Gebiet zu suchen ist, das konstruktiv leider später aufgegeben wurde, nämlich den Mitteldrucklokomotiven und der Schnellfahrlokomotiven, die gewissermaßen mit den ersteren zusammenhängen und gleichfalls höhere Dampfdrücke verarbeiten. Hier wurde viel Neuland beschritten, und die Entwicklung gipfelt in den drei Dampflokomotiven der Baureihe 05 und der zwar andersartigen, aber dennoch gelungenen Lokomotive mit Einzelachsantrieb 19 1001. Einige infolge der Zeitläufte nicht ausgeführte weitere Konstruktionen runden das Bild dieses eigentlichen Höhepunktes im deutschen Lokomotivbau ab.

Bei diesen Maschinen stand auch letztmalig der schöpferische Konstrukteur im Vordergrund, der noch in altväterlichem Sinne mit seinem Konstruktionsbüro die Maschine vom Schornstein bis zum Aschkasten entwarf. Unsere heutigen Elektro- und Diesellokomotiven setzen sich aus der Arbeit vieler Konstruktionsteams zusammen. Mehr oder weniger selbständig entwickelte Einzelteile werden lediglich zusammengebaut. So traten in der Person der Dipl.-Ing. Adolf Wolff bei der 05-Reihe und Professor R. Roosen bei der 19 1001 zwei hervorragende Konstrukteure in das Rampenlicht der Öffentlichkeit, die den Entwürfen ihren eigenen Stempel aufgedrückt haben. Wir sollten uns diese Namen als die unmittelbaren Vollender der Arbeiten von Borries, Helmholtz, Hammel und Metzeltin merken!

Doch zur Betrachtung der Schnellfahrlokomotiven der BR 05: Die Krisenzeit zu Beginn der dreißiger Jahre zwang die Reichsbahn dazu, mit allen Mitteln attraktiv zu erscheinen, um bestehen zu können. Es entstand damals der Entwurf zu dem bekannten diesel-elektrischen Schnelltriebwagen des Typs „Fliegender Hamburger“, der einen Schnellverkehr mit Geschwindigkeiten von 160 km/h zwischen Berlin und den wichtigsten Plätzen des Reiches einleiten sollte und auch tatsächlich ins Leben gerufen hat. Gleichzeitig erwog man aber auch, die Geschwindigkeit der normalen Reisezüge zu steigern. Die Deutsche Reichsbahn dachte im

Jahre 1932 zunächst an die Beschaffung einer Lokomotive für Versuchsfahrten mit 150 km/h Dauergeschwindigkeit zur Erprobung von Reisezugwagen.
Die Lokomotivbauanstalten wurden aufgefordert, Entwürfe einzureichen. Dieses „Preisausschreiben" führte zu teilweise interessanten Ergebnissen. Man entschloß sich schließlich für den Vorschlag der Firma Borsig, der eine sehr kräftige und leistungsfähige Type vorsah. Im Verlauf der Entwurfsarbeiten erhöhte man auf Grund der Erfolge des „Fliegenden Hamburgers" die zu fordernde Geschwindigkeit auf 175 km/h aus der Erwägung heraus, auch lokbespannte Züge mit 150 km/h zu fahren und für das Einfahren von Verspätungen noch eine Reserve zu behalten. Heimische Kohle war damals bekanntlich billig und Dieselöl teuer.

Im Jahre 1933 erhielten die Borsig-Werke den Auftrag zum Bau zweier Probelokomotiven. Die Borsig-Lokomotiv-Werke waren damals gerade neu aus der Taufe gehoben worden. Erinnern wir uns, daß das alte Borsigsche Unternehmen im Jahre 1930 in Konkurs geraten war und den Lokomotivbau an die AEG verkaufen mußte, die diesen Zweig als „Borsig Lokomotiv-Werke GmbH" (BLW) weiterbetrieb und ihren eigenen Dampflokomotivbau eingliederte. Sie übernahm gleichzeitig das Borsigsche Konstruktionsbüro für Dampflokomotiven, an dessen Spitze jetzt Adolf Wolff trat, während August Meister, der Konstruktionschef des alten Borsig-Werkes, mit dem Rest des Unternehmens zur Rheinmetall (Rheinmetall-Borsig) übertrat, um sich dort den Entwürfen zum Doble-Dampftriebwagen zu widmen. Wolff war Stellvertreter von Meister gewesen und aus der Schule von Metzeltin hervorgegangen.
Entsprechend dem vorgesehenen Verwendungszweck erhielt die neue Lokomotivbauart ein 2'C2'-Triebwerk, bei welchem die führenden Eigenschaften der beiden Drehgestelle der Maschine auch bei hohen Geschwindigkeiten einen ruhigen Lauf sicherten. Damit erschien die „Hudson"-Type – bisher nur als Tenderlokomotive gebaut – auch als große Schlepptendermaschine in Deutschland, nachdem sie in den USA zur Standard-Schnellzuglok geworden war.

Ein Extrem stellten die Treibräder mit 2300 mm Durchmesser dar, welche die Drehzahl, die Kolbengeschwindigkeit und damit die mechanische Beanspruchung des ganzen Triebwerkes bei großen Geschwindigkeiten in vertretbaren Grenzen halten sollten. Die preußischen und bayerischen Versuchslokomotiven von 1904 und 1906 hatten 2200 mm Treibraddurchmesser besessen.

Das vordere Drehgestell entsprach der Normalbauart der Einheitslokomotiven, besaß jedoch vergrößerten Achsstand, das hintere Drehgestell wies Außenrahmen auf, bei der Lok 05 001 war es, ebenso wie auch an deren Tender, versuchsweise mit Fischer-Pendelrollenlagern ausgerüstet.

Sehr sorgfältig war das Dreizylinder-Triebwerk mit einfacher Dampfdehnung durchgearbeitet, das nicht zuletzt des gleichmäßigen Drehmomentverlaufs halber gewählt worden war. Der Innenzylinder trieb die erste, die beiden Außenzylinder die zweite Kuppelachse, der Steuerungsantrieb des Mittelzylinders erfolgte von der gekröpften mittleren Treibachse aus. Der vorgesehene Dampfdruck von 20 kp/cm2 ermöglichte sehr kleine Zylinderquerschnitte (d = 450 mm), die zur Verringerung der hin- und hergehenden Massen beitrugen. Das Ingangsetzen schwerster D-Züge war ja nach dem Betriebsprogramm nicht verlangt. Die Dampfeingangs- und -ausgangsquerschnitte waren besonders weit gehalten, die Rohrführung sehr schlank gewählt, auch erhielten die Kolbenschieber 300 mm Durchmesser als Maßnahme zur Verminderung von Drosselverlusten. Die Steuerung wurde als Schnellfahrsteuerung mit 8 mm linearem Voröffnen ausgebildet bei langem Schieberhub.

Die Maschine besaß einen an sechs Punkten abgestützten Barrenrahmen, aus 90 mm starken Walzplatten gefertigt. Der Kessel wies mit 7000 mm Rohrlänge, 256 $m^2$ Verdampfungsheizfläche und 90 m2 Überhitzerheizfläche beträchtliche Abmessungen auf und wurde, um Gewicht zu sparen, aus der leichten Molybdän-Stahllegierung St 47 hergestellt. Er folgte in seiner ausgesprochenen Längenentwicklung den Grundsätzen der Einheitslokomotiven. Die Rauchkammer war 4 m lang und oben abgeschrägt, der Vorwärmer lag hinter dem Schornstein quer.

Völlig neu war die Stromlinienverkleidung zur Verringerung des

Luftwiderstandes, deren Form erst in langwierigen Versuchen im Windkanal der TH Charlottenburg (der Göttinger Windkanal war damals noch nicht fertig) gewonnen wurde. Daß eine „Stromschale“ einen Leistungsgewinn bewirken würde, wußte man bereits. Wie sie sich aber auf die Lagertemperaturen wegen des Fortfalls der Kühlung durch den Fahrtwind auswirken würde, das mußten erst detaillierte Versuche ergeben. Deshalb wurde noch während die 05 sich auf den Zeichenbrettern befand, die Lokomotive 03 154 aus der gerade laufenden Serie herausgenommen und mit einer teilweisen Stromlinienverkleidung versehen. Das Triebwerk wurde vollständig verkleidet, während die Rauchkammerstirnwand eine parabolische Verkleidung und das Führerhaus eine Windschneide erhielt. Die Versuche zeigten eine nur um einige Grade höhere Lagertemperatur, aber auch schon einen Leistungsgewinn am Zughaken von 172 PS bei 140 km/h Geschwindigkeit.

Hier muß erwähnt werden, daß die Reichsbahn im Anschluß an die beiden 05-Lokomotiven von Borsig die nach 05-Muster vollständig verkleidete 03 193 bauen ließ, um im Vergleich mit den normalen 03-Lokomotiven den tatsächlichen Leistungsgewinn bei den verschiedenen Geschwindigkeiten feststellen zu können. Es zeigte sich, daß bei höheren Geschwindigkeiten der Leistungsgewinn am Zughaken sehr bedeutend ist. Bei 140 km/h erreicht er 385 PSe, das sind 48 Prozent der Zughakenleistung der unverkleideten 03-Lokomotive!
Der ursprüngliche Wolffsche Entwurf hat sich mancherlei Änderungen durch das Reichsbahnzentralamt und dessen Entwurfsdezernenten, Oberbaurat R. P. Wagner, gefallen lassen müssen, wie denn die vielen Sonderwünsche nicht immer zum Vorteil der Bauart waren. Der Kessel mit seiner großen Länge folgte Wagnerschen Prinzipien, der einer Verbrennungskammer abgeneigt war. Offensichtlich wollte das Reichsbahnzentralamt damals auch – noch dazu unter Berücksichtigung der angespannten wirtschaftlichen Lage – jedes Risiko auf ein Minimum herabdrücken. Es gab ohnehin genug Neuland zu erforschen. Heute ist es interessant zu vergleichen, wie die Probleme, die dreißig Jahre früher

bereits beim Bau der badischen II d aufgetaucht waren, sich in ähnlicher Weise, nunmehr allerdings im Superlativ, wiederholten. Stand man damals z. B. dem Problem der Schmierung der umlaufenden Lager bei 110 km/h zunächst ratlos gegenüber, so gab es jetzt manche Parallele. Denken wir nur an die Stangenlager, deren zuerst 5 mm starke Weißmetallausgüsse glatt zerquetscht wurden, wenn bei sehr hoher Geschwindigkeit der Regler geschlossen wurde und dann jede dämpfende Wirkung durch die Dampfkräfte entfiel. Bei V = 175 km/h wurden z. B. die Massenkräfte aus den Stangen um rund 40 Prozent höher als der Höchstbetrag der Dampfkräfte!

Eine Fülle von Unbekanntem galt es zunächst rechnerisch einzukalkulieren, während die späteren Versuchsfahrten neue überraschende Feststellungen ergaben. Besondere Aufmerksamkeit mußte der Durchbildung der Bremse zugewandt werden. Es wurde deshalb eine Einkammerdruckluftbremse vorgesehen, die auf alle Achsen der Lokomotive und des Tenders doppelklotzig wirkte – mit Ausnahme der vorderen Laufachse, die wegen ihrer schwächeren Abbremsung nur einklotzig ausgeführt wurde. Zur selbsttätigen Anpassung an die mit der Geschwindigkeit wechselnde Bremskraft bzw. an den sich ändernden Reibungswert zwischen Bremsklotz und Radreifen hatte die Lokomotive einen Bremsdruckfliehkraftregler erhalten, der den Bremsdruck bei Absinken der Geschwindigkeit unter 60 km/h selbsttätig herabsetzte, um ein Festbremsen der Räder zu vermeiden. Ferner stellte sich heraus, daß sich bei hohen Geschwindigkeiten der Dampf nicht mehr vom Schornstein abhob, sondern dem Lokführer die Aussicht versperrte. Oberhalb der Rauchkammer mußten, soweit die Fahrzeugbegrenzung dies zuließ, kleine Windleitbleche angebracht werden, um diesem Übel abzuhelfen. Aber auch deren zweckmäßige Form mußte versuchsmäßig erforscht werden. Vielleicht lassen diese Andeutungen bereits erkennen, um welche Pionierleistung es sich beim Bau dieser Maschinen handelte.
Anfang des Jahres 1935 war die erste der Lokomotiven in Tegel fertiggestellt. Sie erhielt die neue Baureihenbezeichnung 05 und die Betriebsnummer 001. Nach ersten Werksprobefahrten, die

bereits von vollem Erfolg begleitet waren, wurde die Maschine am 8. März 1935 an das Lokomotivversuchsamt Grunewald übergeben. Die 002 folgte zwei Monate später und wurde am 17. Mai 1935 übernommen.

Das Grunewalder Versuchsamt für Lokomotiven führte nun eine große Anzahl Fahrten mit der 001 durch, die allerdings durch die Hundert-Jahr-Feier der deutschen Eisenbahnen und zahlreiche Ausstellungen und Vorführungen der Maschine mehrfach für längere Zeit unterbrochen wurden. Als wichtigste Frage galt es, die Bremsung eines Zuges bei überhöhter Geschwindigkeit zu untersuchen.
Eines hatte sich allerdings bereits bei den ersten Fahrten gezeigt: Die Maschinen erfüllten ohne Schwierigkeiten das geforderte Betriebsprogramm, die Traktion eines Zuges von 250 t Gewicht, das sind etwa 5 D-Zugwagen, mit 175 km/h auf ebener Strecke. Geschwindigkeiten von 180 bis 185 km/h konnten ohne Schwierigkeiten unter ausgezeichneten Fahreigenschaften gefahren werden. Die Grunewalder Bremsgruppe führte aus dieser Geschwindigkeit heraus zahlreiche Schnellbremsungen durch. Bei 181 km/h konnte der Zug nach 1375 m zum Stehen gebracht werden, entsprechend einer Verzögerung von 0,93 $m/sec^2$. Dies entsprach einem Bremsweg von 1200 m aus 175 km/h Geschwindigkeit, dem Signalabstand auf den mit Schnelltriebwagen befahrenen Strecken. Die Versuche mit der 001 wurden so weit getrieben, daß die Maschine schließlich schadhaft wurde (ein Radreifen war infolge der starken Wärmeentwicklung bei den Bremsungen geplatzt). Für die planmäßigen Versuchsfahrten über 60, 80, 100, 120, 140, 160 und 180 km/h wurde daher im Frühjahr 1936 die bisher wenig in Betrieb gewesene 05 002 eingesetzt. Bei allen Versuchen bis 140 km/h hielten übrigens die alten Grunewalder S 10 als Bremslokomotiven hinter dem Meßwagen wacker mit; die für 150 bis 160 km/h geeignete IVh hatte das Lok-Versuchsamt damals leider noch nicht.
Bestand die Absicht, noch höhere Geschwindigkeiten zu erreichen? Zweifellos mag der Wunsch vorhanden gewesen sein, 200 km in der Stunde zu fahren. Es ist aber unsachlich, wenn ver-

schiedentlich behauptet wurde, die Maschinen hätten anfangs enttäuscht. So kann nur der urteilen, der mit dem Wesen der Dampfmaschine nicht vertraut ist und sich kein Urteil bilden kann, was es heißt, eine Dampflokomotive von 190 auf 195 km/h zu beschleunigen. Hier spielen Faktoren eine Rolle, die außerhalb des Vorausschaubaren liegen, Wetter, Windrichtung und -stärke, Streckenzustand, Haftwert auf den Schienen und anderes mehr. Leider ist auch eine Panne, die sich einmal bei 196 km/h ereignete, erst letzthin von der Bundesbahn in unschöner Weise dramatisiert worden. Man kann über diese Versuche heute, im Zeitalter der Diesel- und Elektrolokomotiven, den Dampfmaschinen unter allen Umständen irgend etwas am Zeuge flicken zu wollen, nur den Kopf schütteln. Dabei haben gerade die 05-Lokomotiven den deutschen Eisenbahnen mehr als jede andere Type zur Weltgeltung verholfen!

Nachdem die Bremsversuche nahezu abgeschlossen waren, wurde auf den 11. Mai 1936 ein Versuch angesetzt, der ein besonderes Ergebnis zeigte. Halten wir uns bei der Schilderung des Ereignisses an das amtliche Protokoll des Versuchsamtes Grunewald:

*Versuchsfahrt mit Lok 05 002 vor Lok-Probezug 4317 von Hamburg Hbf nach Spandau Hbf am 11. Mai 1936. Wetter bedeckt, Barometer 757 mm, Lufttemperatur 15° C, Wind 3,0 m/s aus westlicher Richtung, Zustand der Schienenoberkante feucht. (Die Bedingungen waren also relativ günstig.) Belastung: Meßwagen + 3 D-Wagen = 197 t Zuggewicht. Die Maschine führten Oberlokführer Oscar Langhans und Reserve-Lokführer Ernst Höhne als Heizer. Neben den Herren des Versuchsamtes nahm der Reichsverkehrsminister Dr.-Ing. Dorpmüller an der Fahrt teil.*

Bereits während der ersten Kilometer stellte sich heraus, daß das Wetter äußerst günstig war und die 05 002 sehr gut beschleunigte. Nachdem der Sachsenwald mit 140 km/h durchfahren war, ging Langhans hinter Büchen auf 160 km/h, die etwa bis Klein-Warnow hinter Ludwigslust gehalten wurden. Erschwerend waren mehrere Geschwindigkeitsbegrenzungen auf 140 km/h, in Hagenow Land sogar auf 120 km/h. Die Strecke zwischen Ham-

burg und Wittenberge ist bis auf wenige Stellen völlig eben, es bestand keine Veranlassung zu einer besonderen Kraftanstrengung.
Bei Karstädt erreichte der Zug 170 km/h und hinter Dergenthin eine Spitze von 178,2 km/h. Leider stand das Einfahrtssignal zum Bahnhof Wittenberge auf Halt. Der Zug mußte gebremst werden und 2,5 min am Signal halten. So ergab sich zwangsläufig eine erste Etappe. Der Streckenabschnitt Hamburg Hbf – Wittenberge war in 71,2 min, davon 69,8 min unter Dampf durchfahren worden. Das entsprach einer mittleren Geschwindigkeit von 132,1 km/h.
Nach Abfahrt in Wittenberge kam der Zug schnell wieder auf 150 km/h, die bis zur letzten Geschwindigkeitsbegrenzung im Bahnhof Zernitz beibehalten wurden. In Zernitz erhielt die Lokmannschaß den Auftrag, die Maschine voll auszufahren, da hinter dem folgenden Bahnhof Neustadt (Dosse) eine 20 km lange ebene und bis Paulinenaue schnurgerade Strecke folgt. Langhans und Höhne setzten nun ihre ganze Kunstfertigkeit ein. Die 05 002 beschleunigte ausgezeichnet, die Leistung am Zughaken überschritt die 2000 PS. Nach Durchfahren des Bahnhofs Neustadt (Dosse), das bei gedrosseltem Regler erfolgte, stieg die Geschwindigkeit bei Kilometer 70 auf 180 km/h. Der Beginn des ebenen Streckenabschnittes bei Kilometer 63 wurde mit 195 km/h angefahren. Hier entwickelte die Maschine auch ihre Höchstleistung von 3400 PSi in den Zylindern und 2380 PSe am Tenderzughaken. Am Kilometerstein 62 erreichte der Geschwindigkeitsmesser die 200-km/h-Marke, ein Wert, der dann noch geringfügig überschritten wurde, bis bei Kilometer 59 die Anordnung kam, den Regler zu drosseln und eine Bremsung unter Dampf einzuleiten. Als höchste Fahrgeschwindigkeit waren im Meßwagen 200,4 km/h aufgezeichnet worden. Die Geschwindigkeit hätte weiter gehalten werden können, Kessel- und Maschinenleistung waren völlig ausreichend, die Verbrauchswerte günstig und die Laufruhe hervorragend.

Die Maschine übertraf alle Erwartungen. Während die Leistungsschaulinie bei den anderen Einheitslokomotiven schon vor Erreichen der Höchstgeschwindigkeit starken Abfall zeigte, verlief sie bei dieser Lokomotive noch bei 180 km/h ansteigend! Aus Sicherheitsgründen wurde jedoch die Anordnung zur Herabsetzung der Geschwindigkeit gegeben. Diese größte Geschwindigkeit wurde zwischen den Bahnhöfen Friesack und Vietznitz gefahren, wobei Friesack mit annähernd 200 km/h durchfahren wurde. Die Weiterfahrt bis Nauen fand mit 170 km/h statt, um dann bei Berlin auf die vorgeschriebenen Werte zu sinken.

Damit war ein absoluter Rekord erreicht. Der Streckenabschnitt Wittenberge – Spandau Hbf war in 52,0 min durchfahren worden, was einer mittleren Geschwindigkeit von 135 km/h entspricht. Die mittlere Heizflächenbelastung betrug 55,5 $kg/m^2h$, der Höchstwert 85,4 $kg/m^2h$. Zwischen Hamburg Hbf und Spandau Hbf wurden 28 $m^3$ Wasser verdampft. Bei 200 km/h betrug die Drehzahl der Treibachsen 461 U/min, der Laufachsen 965 U/min, der Wagenachsen 1120 U/min. Die höchste Kolbengeschwindigkeit betrug 15,9 m/s, und die mittlere 10,1 m/s, die gefahrene Geschwindigkeit umgerechnet 55,6 m/s. So weit die amtlichen Zahlen des Versuchsamtes Grunewald.

Das weitere Schicksal der beiden Maschinen gestaltete sich weniger dramatisch. Die 05 001 wurde am 15. 5. 1936, die 002 am 14. 10. 1936 an das Bw Altona zur Dienstleistung überwiesen. Beide Maschinen waren hier hauptsächlich im Plan des FD 23/24 Berlin – Hamburg – Berlin eingesetzt. Als Besonderheit galt der weinrote Anstrich der Lokomotiven.

Mit Kriegsbeginn traten diese schnellen Fahrzeuge naturgemäß in den Hintergrund, lebten von Gelegenheitsarbeiten, bis sie schließlich herumstanden und mehr und mehr verkamen. Im Jahre 1935 tauchten Pläne zum Bau einer dritten schnellfahrenden Lokomotive auf. Borsig erhielt abermals den Auftrag und Wolff führte die Konstruktion durch. Diese Maschine – sie erhielt die Betriebsnummer 05 003 – trug mehr noch als ihre beiden Schwestern Versuchscharakter. Aber hier weht uns in der von Erstarrung bedrohten Einheitslokomotivära endlich einmal frischer Wind entgegen und es lohnt sich, auf die Besonderheiten dieser Maschine näher einzugehen.

Die Reichsbahn hatte gefordert, eine Lokomotive zu entwickeln, bei welcher der Führerstand sich der besseren Sicht auf die Signale wegen an der Stirnseite befinden sollte. Wir erinnern uns, daß derartige Versuche bereits einige Male in Deutschland ausgeführt wurden, wegen der Trennung von Lokführer und Heizer nur mit geringem Erfolg.
Wolff wählte daher die Lösung, die Lokomotive mit der Feuerbüchse vorausfahren, also praktisch rückwärts laufen zu lassen. Da der Tender dabei hinter der Rauchkammer folgen mußte, schied Stückkohlenfeuerung von vornherein aus. Es bestand vielmehr nur die Wahl zwischen der Verheizung von Öl oder Kohlenstaub, wobei man sich wegen des Mangels an flüssigen Treibstoffen in Deutschland für die Staubfeuerung entschied.

Die Maschine erhielt gleichfalls ein 2'C2'-Triebwerk und glich im Grundaufbau ihren Schwestern. Unterschiede bestanden nur in der Bauart des Kessels, der zur Vergrößerung des Brennraumes erstmalig in Deutschland mit einer Verbrennungskammer mit Dehnungsfalte nach Vorbild der Pennsylvania Rd. versehen wurde, nachdem Wagner endlich seine Zustimmung gegeben hatte. Abweichend war auch die Stromlinienverkleidung gestaltet, die hier Lokomotive und Tender waggonartig umschloß.
Die Kohlenstaubförderanlage mit Turbogebläse und Förderschnecken befand sich auf dem Tender. Das Staub-Luft-Gemisch wurde durch gelenkige Rohrleitungen vom Tender zur Lokomotive und sodann innerhalb des Lok-Rahmens bis an die Brenner herangeführt. Als Brenner wurde die Bauart AEG gewählt, die sich bereits bei einer Anzahl mit Braunkohlenstaub betriebener Güterzuglokomotiven der Reichsbahn bewährt hatte.
Abweichend von den beiden anderen Schnellfahrlokomotiven wiesen beide Drehgestelle der 05 003 Innenrahmen auf. Da die Maschine mit dem Stehkessel voran lief, Zylinder und Rauchkammer also „hinten“ lagen, mußte die Steuerung umgekehrt eingerichtet werden.
Die neue Lokomotive wurde nach der Ablieferung im Jahre 1937 zunächst dem Versuchsamt Grunewald überwiesen, wo eingehende Versuche mit der Maschine durchgeführt wurden. Die

ersten Probefahrten wurden mit Braunkohlenstaub ausgeführt. Die Verbrennung war einwandfrei und ließ erwarten, daß auch die Verbrennung von Steinkohlenstaub glücken würde, denn für die Beförderung von Personenzügen mußte die Benutzung von Braunkohlenstaub von Anfang an wegen der befürchteten Staubbelästigung und des Schwefelgeruchs der Abgase ausscheiden.

Die Verbrennung von Steinkohlenstaub befriedigte indes nicht. Bereits die Beschaffung des Staubes, gleichmäßige Mahlfeinheit und Feuchtigkeitsgrad, machten Schwierigkeiten. Fahrten mit einem Brenner und schwacher Belastung mochten noch angehen. Sobald jedoch höhere Belastungen gefahren und mit beiden Brennern gefeuert werden mußte, trat ein schnelles Zusetzen der Rohre ein, Kesseldruck und Überhitzung fielen ab, die Lokomotive kam zum Erliegen. Als Hauptursache ergab sich ein zu kurzer Brennweg, um die Kohlenstaubteilchen ausbrennen zu lassen, bevor sie die Rohrwand erreichten. Auch nach verschiedenen Änderungen zeigten sich keine besseren Ergebnisse, so daß die Versuche schließlich nach Ausbruch des Krieges eingestellt wurden.

Die Kesselkonstruktion hatte sich allerdings als sehr gelungen erwiesen. Der Lauf der Maschine war noch bei Geschwindigkeiten von 180 km/h bemerkenswert ruhig, auch war das Personal mit dem Standort an der Spitze des Zuges durchaus zufrieden.

Die Maschine wurde nach Abbruch der Versuchsfahrten den BLW „zwecks Brauchbarmachung" zur Verfügung gestellt und sie verblieb in Hennigsdorf bis zu ihrem vollständigen Umbau, zu dem man sich im Jahre 1944 entschloß, als im Heimatgebiet Mangel an Lokomotiven eintrat. Der Kessel wurde herumgedreht und auf Steinkohlenfeuerung umgestellt. Der Platz für Pufferträger und Kuppelkasten wurde durch Anschweißen neuer Rahmenenden gewechselt. Das Führerhaus rückte auf seinen gewohnten Platz, die Stromschale wurde entfernt und aus der Metamorphose ging eine sehr gefällig und schön wirkende hochbeinige Schnellzuglokomotive, vielleicht die schönste von allen dreien, hervor. Auch der Tender erhielt einen normalen Kohlenkasten. Mit 38,5 $m^3$ Wasser und 12 t Kohle war er der größte aller Reichsbahntender.

Anfang März 1945 ging die in Hennigsdorf umgebaute 05 003 nach Hamburg-Altona auf die Reise. Sie leistete aber nur noch 503 km bis der Zusammenbruch kam, dann wurde sie in Altona im Freien abgestellt. Als das Bw Hamm von der englischen Eisenbahnleitung Bielefeld im Mai 1947 den Auftrag bekam, die 05 003 in Betrieb zu nehmen, wurde sie trotz völliger Verrostung unter eigenem Dampf nach Hamm übergeführt, woselbst sie entrostet und überarbeitet wurde. Hier wurden auch die 1945 noch angebrachten Tarnbleche wieder entfernt. Sodann wurde sie in den planmäßigen Schnellzugdienst, vornehmlich auf der Strecke Hamm – Köln eingestellt. Nach Berichten aus Hamm war man mit der Lokomotive außerordentlich zufrieden. Die Verbrennung war fast vollständig. Rückstände in der Verbrennungskammer und der Rauchkammer waren feinkörnig und das Zusetzen der Rohre ganz gering. Im Kohleverbrauch war sie sehr sparsam und lag wesentlich unter der 01. Die Leistung wird als erstaunlich bezeichnet. Leider stand die 05 003 häufig wegen Einsturz des Feuerschirms, da man nur die kleinen Normsteine zur Verfügung hatte. Trotz einiger durch den Umbau bedingter Mängel, wie zu großer Abstand zwischen Feuertür und Tender und zu geringer Neigung des Rostes (die Verlängerung des Stehkessels nach unten war nicht genehmigt worden, da als für den zunächst provisorisch anzusehenden Umbau zu aufwendig), schwärmte man in Hamm geradezu von dieser Lokomotive. Ende Oktober 1947 kam sie aber wieder zum Erliegen wegen eines Überhitzerkasten-Schadens, für den es wegen der drei Dampfrohranschlüsse kein Ersatzstück gab. Im Jahre 1948 wurde die 05 003 an Hamburg-Altona abgegeben, wo sie als „Z“-Lok geführt wurde.

Als die Bundesbahn im Jahre 1948 nach der Währungsreform daran ging, ihren Lokomotivbestand zu rationalisieren, war es eine der ersten Maßnahmen, Splittergattungen auszuschalten, deren Unterhaltung wegen der Abweichung von den in größerer Anzahl vorhandenen Lokomotiven zu aufwendig werden würde. Von dieser Maßnahme wären die drei 05-Lokomotiven betroffen worden, wenn die mit diesen vertrauten Lok-Personale nicht dringend gebeten hätten, man möge ihnen diese geliebten

Maschinen erhalten. Der zuständige Lok-Dezernent, Abt. Präsident F. Witte, brachte diesem Wunsch vollstes Verständnis entgegen und forderte die Firma Krauss-Maffei auf, die vollständige Aufarbeitung aller drei 05-Lokomotiven zu übernehmen, das insbesondere, da fast sämtliche Zeichnungen der Maschinen in Berlin verbrannt waren, ihr Erbauer jedoch, Dipl. Ing. Adolf Wolff, als einziger Kenner der Maschinen inzwischen in die Dienste von Krauss-Maffei übergetreten war.
Die drei Lokomotiven rollten Anfang 1950 in Allach an. Als erste wurde die 05 003, da sie schon ohne Verkleidung war und sich in relativ neuem Zustand befand, im Oktober 1950 abgeliefert.

Um die 05 001 und 002 war es wesentlich schlechter bestellt, sie befanden sich in sehr schlimmem Zustand. Die Stromlinienverkleidung wurde abgebaut, die Abschrägung der Rauchkammer entfernt, der Vorwärmer vor den Schornstein gelegt, eine vollständig neue Kesselbekleidung gefertigt und vieles andere, dazu die Entkleidung und Umarbeitung der beiden Tender. Im Februar bzw. Mai 1951 schließlich waren die Maschinen fertiggestellt. Ihre Formschönheit kam erst jetzt richtig zur Geltung. Damit begann für alle drei Lokomotiven beim Bw Hamm P ein neuer Lebensabschnitt. Allerdings war der Dampfdruck auf 16 $kp/cm^2$ herabgesetzt worden, weil das hochfeste mit Molybdän legierte Kesselblech schlecht schweißbar war. Diese Herabsetzung des Dampfdruckes hatte allerdings die Maschinen an ihrem Lebensnerv getroffen wegen der hierfür viel zu kleinen Zylinder. Auch stimmten nun die Verhältnisse der Saugzuganlage nicht mehr und konnten auch nicht in Ordnung gebracht werden, besonders bei dem gänzlich anders gearteten Kessel der 05 003. Alle drei Maschinen haben aber bis zuletzt ihren ersten Kessel behalten.
Sie wurden hauptsächlich im leichten F-Zug-Dienst eingesetzt und fuhren auch die längsten Streckendurchläufe mit Dampflokomotiven der DB, Hamburg – Köln – Frankfurt (704 km). Im Verlaufe des Strukturwandels wurden jedoch diese Lokomotivriesen nach und nach von den Diesellokomotiven V 200 verdrängt, bis am 14. Juli 1958 das Ausmusterungsurteil über sie gesprochen wurde. Damit verschwanden die drei stolzesten

Dampflokomotiven der deutschen Eisenbahnen für immer von den Schienensträngen.
Nach langem Zögern entschloß sich die DB, eine Maschine für das Verkehrsmuseum Nürnberg zu erhalten. Man wählte die 05 001, die etwas besser im Zustand war. Unter der Leitung des Lok-Konservators, Oberlokführer i. R. Karl Christ, wurde die Maschine unter Mithilfe des Konstrukteurs in liebevoller Kleinarbeit, da nur noch ein kleiner Rest der Zeichnungen vorhanden war, als eine Gemeinschaftsarbeit aller bayerischen Ausbesserungswerke wieder in den ursprünglichen Zustand versetzt. Der Zusammenbau und die Anfertigung der Stromlinienverkleidung, die auf der rechten Seite teilweise ausgeschnitten wurde, um das Triebwerk und die großen Räder sichtbar zu machen, sowie der Anstrich im dunklen Rot der englischen Midland-Lokomotiven wurde vom AW Weiden ausgeführt. Am 10. Juni 1963 trat die Lokomotive dann ihre letzte Fahrt an, um im Beisein ihres Konstrukteurs sowie der beiden Lokführer Langhans und Höhne in das Verkehrsmuseum Nürnberg übergeführt zu werden, wo sie Seite an Seite mit der bayerischen S 2/6 steht. Leider lassen die unzureichenden räumlichen Verhältnisse im Nürnberger Museum in keiner Weise einen Eindruck von der Größe und Mächtigkeit dieser stolzen Maschine aufkommen.
Im Zusammenhang mit der Fahrt vom 11. Mai 1936 taucht die Frage auf, ob der damalige Rekord noch anderweitig überboten worden ist. Wir erwähnten bereits die Leistung der englischen „Mallard" vom Jahre 1938, die den ehrgeizigen Briten Genugtuung verschaffte. Da die Fahrt im Gefälle erfolgte, ist die Leistung unserer 05 unberührt geblieben.
Diese beiden Fahrten sind die einzigen, wo Geschwindigkeiten über 200 km/h exakt mit dem Meßwagen aufgezeichnet wurden. Daneben gibt es noch weitere sehr schnelle Fahrten, die jedoch alle nicht bewiesen sind, teils auf Gerüchten beruhen oder in das Gebiet der Fabel gehören.
In den USA hat der Gesetzgeber allen Versuchen durch Beschränkung der höchstzulässigen Geschwindigkeit auf 120 m. p. h. (193 km/h) ein Ende bereitet. Auf allen Bahnen darf keine höhere Geschwindigkeit gefahren werden.

Die angebliche Rekordfahrt der Pennsy-E-2 am 12. Juni 1905 bei Elida, Ohio, bei der 205 km/h erreicht worden sein sollen, ist mehr oder weniger eine Wild-West-Story. 1938 hat eine F-7 (2'C2') der Milwaukee-Bahn mit 550 t Zuggewicht 193 km/h erreicht und auf kurzen Gefällen 200 km/h. Die Schnellfahrten der S-1 und der T-1 der Pennsylvania-Bahn, über die in der Literatur mehrfach berichtet wurde, und die ebenfalls Geschwindigkeiten über 200 km/h erbracht haben sollen, sind durch keinerlei Messungen belegt.

Daher gilt in aller Welt die deutsche 05 002 nach wie vor als die schnellste Dampflokomotive, und die Leistungen von Adolf Wolff und nicht zuletzt der beiden Maschinenmänner Oscar Langhans und Ernst Höhne zählen heute zu den Großtaten der Eisenbahngeschichte. *1963*

# 60 Jahre preußische P 8

Eine Dampflokomotive hat Jubiläum. Es ist zwar kein großes, kein fünfzig- oder hundertjähriges, immerhin, es ist eine runde Zahl, die uns veranlaßt, ein paar Worte über dieses Ereignis zu verlieren, um so mehr, als es sich um eines unserer treuesten, zuverlässigsten und beliebtesten Dampfrösser handelt. Vor 60 Jahren erblickte die allererste Lokomotive der preußischen Gattung P 8 den Glanz des Schienenstranges. Vor 60 Jahren trat eine Lokomotive einen Erfolgsweg an, den sich ihre Schöpfer zwar gewünscht hatten, aber in dem erzielten Ausmaß vielleicht doch nicht träumen ließen.

Und doch ist es merkwürdig: Aufgrund ihrer großen Stückzahl war die P 8 uns allen immer so vertraut, daß man eigentlich nie sonderlich Notiz von ihr genommen hat. Sie war einfach da, sie gehörte so selbstverständlich zum Bahnbetrieb, daß niemand mehr hinschaute, wenn sie bescheiden auf dem Außenbahnsteig vor dem Personenzug nach Dingsda rauchte und getreulich wartete, bis der renommierte Schnellzug herein war, dessen Anschluß sie besorgen mußte.

Eben weil sie aber so selbstverständlich hingenommen wurde, wollen wir ihr zum 60. Geburtstag zu der verdienten Ehre verhelfen und sie in den Mittelpunkt unserer Betrachtungen stellen. Dabei soll kein großes tiefschürfendes Lokomotiv-Porträt aufgebaut werden, wir wollen vielmehr in einer kleinen Plauderei ein wenig von ihr erzählen und ihre Lebensgeschichte besonders dem Eisenbahnfreund nahe bringen, für den sie schon nicht mehr ein allgegenwärtiger Begriff ist. Denn 60 Jahre sind selbst für eine Lokomotive wahrhaftig ein langes Leben und schon der Erwähnung wert.

Fast will es uns in Erstaunen versetzen: Schon die jetzt Siebzigjährigen können sich an einen Bahnbetrieb ohne die P 8 nicht mehr erinnern und noch heute, nach 60 Jahren, sind immer noch viele Maschinen dieser einmaligen Bauart bei der DB in Betrieb. Dazu kommen zahlreiche Maschinen, die bei der mitteldeutschen Reichsbahn ihren Dienst verrichten. Auch auf manchen ausländischen Bahnen ist sie noch zu sehen, manchmal als Überbleibsel aus den Zeiten der deutschen Besetzung, öfter noch als Reparationslokomotive aus den zwanziger Jahren. Das sind Feststellungen, die zu denken geben und ermuntern, einmal „darüber zu sprechen", über diesen treuesten aller dienstbaren Geister unserer Bundesbahn. Denn – es ist kein Geheimnis – die Tage der P 8 sind gezählt. Nur noch kurze Zeit wird es dauern, daß man von ihr wie von einem Märchen spricht, und wenn nicht eines unserer Verkehrsmuseen sich ihrer annimmt, dann geht es mit ihr genau so wie mit anderen berühmten preußischen Lokomotivbauarten, an die sich kaum jemand noch erinnert.

Der Eisenbahnfreund, der nicht gerade ein Experte des Schienenstrangs ist, wird mit Recht fragen, was denn die Bezeichnung „P 8" eigentlich bedeuten soll? Nun, unter dieser Gattungsbezeichnung (als 8. Serienbauart einer Personenzuglokomotive) lief die Maschine zunächst bei der früheren Preußischen Staatsbahn und später auch bei anderen Länderbahnen. Die ersten Maschinen dieser Bauart sind 1906 gebaut worden. Die Länderbahnen gingen nach dem ersten Weltkrieg alle in der 1920 gegründeten Deutschen Reichsbahn auf, und sämtliche vorhandenen Lokomotiven wurden in einen 1923 aufgestellten Nummernplan eingeordnet. Unser „Mädchen für alles" erhielt damals mit einigen anderen ähnlichen Bauarten die Stammnummer 38 zugeteilt und innerhalb dieser die Ordnungsnummern 1001 bis 4051. Wer also P 8 sagt, hat ebenso recht wie der, welcher lieber 38er sagt, obgleich als 38er heute noch bei der mitteldeutschen Reichsbahn eine Anzahl Lokomotiven der früheren Sächsischen Staatsbahn in Betrieb steht. Diese halten aber die Ordnungsnummern 201 bis 334 besetzt.
Bei der Preußischen Staatsbahn war die P 8 auf die Ordnungsnummern 2401 bis 2500 verteilt. Und wer es ganz genau wissen will: Es existieren von ihr als preußischer Normallokomotive zwei Musterblätter, XIV 1a I und II. Die Preußische Staatsbahn hat etwa 3300 Stück ihrer P 8 besessen, dazu kommen 61 Maschinen, die an Baden, Mecklenburg und Oldenburg geliefert worden sind. Schließlich trieben sich auch an die 300 Maschinen in Rumä-

nien, Litauen und Polen herum. Und wer einmal in die Türkei reist, der wird sich freuen, auf dem Bahnhof zuerst unserer guten alten P 8 zu begegnen.
Bis heute ist sie an Zuverlässigkeit, Einfachheit und Leistung in ihrer Art unübertroffen. Man fragt sich mit Recht, wie es zu einer derartigen Beliebtheit kommen konnte?
Nun, das ist eine recht lange und eigentlich auch schon recht alte Geschichte. Wir wollen uns aber kurz fassen. In den neunziger Jahren des vorigen Jahrhunderts entdeckte der Kasseler Zivilingenieur Wilhelm Schmidt die außerordentlichen Vorteile, die die Verwendung von überhitztem Dampf, also von Heißdampf, im Lokomotivbetrieb mit sich bringen könnte. Er schuf mehrere brauchbare Überhitzerbauarten, den Flammrohr-, dann den Rauchkammer- und Rauchröhrenüberhitzer. Seine Arbeiten fanden im damals für das Eisenbahnwesen in Preußen zuständigen Ministerium für öffentliche Arbeiten reges Interesse, und neben dem dort tätigen Geheimrat Müller war es besonders der Maschinendezernent der Eisenbahndirektion Berlin, der Geheime Baurat Robert Garbe, der sich mit Feuereifer der Entwicklung von Heißdampflokomotiven annahm. 1898 wurde die erste Heißdampfmaschine hergestellt, die Versuche mit ihr und den folgenden Bauarten verliefen so günstig, daß man bereits 1901 daran ging, vollständig neue Lokomotivgattungen als Zweizylinder-Heißdampfmaschinen zu entwickeln.

Robert Garbe nun war es, der sein Lebensziel darin sah, den Heißdampfgedanken durchzusetzen und der mit Feuereifer daranging, immer neue und bessere Bauarten zu schaffen. G 8, S 4, S 6, seinerzeit eine gewaltige Schnellzuglokomotive von überzeugenden Leistungen, P 6 und neue Heißdampftenderlokomotiven wurden in Dienst gestellt. Man muß sich einmal vorstellen, was es heißt, in einem Zeitraum von wenigen Jahren so zahlreiche Bauarten zu entwickeln und mit einer Erfindung auszurüsten, die doch völliges Neuland bedeutete! Denn mit dem Heißdampf allein war es ja nicht getan. Er warf fast täglich neue Probleme auf. Es galt, Schmieröle zu entwickeln, die den hohen Temperaturen von 300 und 350 Grad standhielten. Es galt, die geeigneten

Abmessungen für Dampfzylinder und Schieber herauszufinden. Unendliche Mühe hat die Wahl geeigneter Kolbenschieber und Kolbenschieberringe verursacht.
So war also die Situation in den Jahren 1905 und 1906 bei der Preußischen Staatsbahn. Aus den Versuchen hatte sich der Rauchrohrüberhitzer als beste Bauart herausgestellt, man glaubte, nun genügend Erfahrungen zu besitzen, um an den Entwurf einer großen Hügelland-Schnellzuglokomotive heranzugehen. Das Bedürfnis danach war nämlich dringend geworden. Die rapide wirtschaftliche Belebung um die Jahrhundertwende stellte an die Eisenbahn laufend steigende Anforderungen, und die immer schwerer werdenden Reisezüge benötigten auf den Hügellandstrecken eine besonders leistungsfähige Maschine. 1905 ging Garbe an eine derartige Konstruktion heran, die Berliner Maschinenbau-Aktien-Gesellschaft, vormals Louis Schwartzkopff, erhielt den ersten Auftrag auf zehn Probemaschinen, die noch 1906 abgeliefert werden konnten. Diese zehn Maschinen erhielten erstmals das Gattungszeichen P 8.
Es fällt dabei auf, daß sie als Schnellzuglokomotiven gedacht waren. Als solche sah sie auch das Betriebsprogramm vor. Sie sollten Schnellzüge bis 470 t Gewicht auf Hügellandstrecken mit 80 km/h „Grundgeschwindigkeit", wie es damals hieß, befördern und eine größte Geschwindigkeit von 110 km/h erreichen. Für den Hügellanddienst bemessen war auch ihr Treibraddurchmesser von 1750 mm. Das kuriose bei der Angelegenheit ist nun aber, daß ihr gerade dieser für den Hügellandschnellzugdienst bemessene Treibraddurchmesser zusammen mit dem überaus leistungsfähigen Kessel die universelle Einsatz- und Verwendungsmöglichkeit gegeben hat, durch die sie sich in der Folgezeit in so einmaliger Weise auszeichnete. Der Dampfdruck betrug wie bei allen von Garbe entworfenen Lokomotiven 12 atü.

Die ersten Maschinen wichen im Aussehen noch stark von dem ab, was wir heute unter der „klassischen" P 8 verstehen. Vor allem das Führerhaus sah ganz anders aus. Es besaß die damals sehr modernen Windschneiden, die Schnellzuglokomotiven eine Verminderung des Luftwiderstandes ermöglichen sollten. Als sich heraus-

stellte, daß die P 8 zwar außerordentlich leistungsfähig, aber keine Schnellzuglokomotive geworden war, wurden sie wieder entfernt. Triebwerk und Rahmenbau entsprachen doch nicht den starken Belastungen bei Geschwindigkeiten von 100 bis 110 km/h. Die größte Geschwindigkeit wurde auf 100 km/h reduziert, aber das war für die damalige Zeit immer noch recht viel.
So um die 80 km/h herum hat die P 8 ihre stärksten Momente und ist also die ideale Personenzuglok. Selbstverständlich wurde sie auch gern im Eil- und Schnellzugdienst eingesetzt, wenn keine allzu hohen Spitzengeschwindigkeiten ausgefahren werden mußten. Kein Bewohner des Ruhrgebiets wird je ihren Einsatz vor den bunten Zügen des Ruhrschnellverkehrs vergessen. Darüber hinaus lief sie vor Eilgüterzügen, sie fährt heute auch Nebenbahnen und leistet Verschiebedienst mit der gleichen Bereitschaft und Tüchtigkeit. Nach den beiden Weltkriegen, als der Maschinenpark überall zusammengebrochen war, hat sie fast ganz allein den gesamten Reisezugverkehr bewältigt. Mit ihr hat sich Garbe ein Denkmal gesetzt, wie es sich ein schöpferischer Mensch schöner nicht wünschen kann.

Man könnte leicht der Meinung sein, die P 8 sei vom ersten Tage ihres Erscheinens an sozusagen ein technischer Schlager gewesen. Dies trifft jedoch ebensowenig zu wie es mit der heute so gerühmten Beliebtheit damals nicht allzu weit her war. Zunächst stand man von seiten des Personals dem Heißdampf, wie allen Neuerungen, höchst mißtrauisch gegenüber. Die Maschinen wiesen aber auch konstruktiv manche Mängel auf, die erst durch langjährige Versuche behoben werden konnten. Eine Fahrt auf der P 8 war damals eine höchst unsichere Sache. Noch bis in die Jahre 1908 und 1909 hinein blieben laufend Züge mit P 8 auf der Strecke liegen, sei es durch festgefressene Kolbenschieber oder durch andere Störungen.
So hat sie sich ihren heutigen Ruhm wahrhaftig mühsam erwerben müssen. Noch im Jahre 1909 waren auf der Strecke Eisenach – Lichtenfels die beiden täglichen Schnellzüge mit Lokomotiven der Gattung P 4.2, ein Personenzug mit der S 7 und die anderen Personenzüge „versuchsweise“ mit einer P 8 bespannt. Es ging

mit ihr eigentlich erst so ab 1910 aufwärts, als man daran ging, den Zylinderdurchmesser zu verkleinern und auch sonst mancherlei zu verbessern.

Mancherlei Metamorphosen mußte sie sich in ihrer langen, bis 1924 währenden Bauzeit unterziehen. Erwähnt wurde bereits, daß nur die ersten Maschinen Windschneidenführerhäuser besaßen und schon nach 100 Lokomotiven das Führerhaus das uns gewohnte Aussehen mit dem langgestreckten, hochgewölbten Dach erhielt.

Auch die Steuerung war bei den ersten 250 Maschinen anders, als wir sie von der Regelausführung kennen. Die Gegenkurbel saß der jetzigen entgegengesetzt, und die Steuerspindel hatte ein Linksgewinde, wodurch die Schieberschubstange in der Schwinge ebenfalls entgegengesetzt geführt wurde. Die T 10 hatte das gleiche Triebwerk wie die ersten P 8. Die Steuerung wurde dann später geändert, die Maschinen erhielten die Kuhnsche Schleife. Auch der Massenausgleich der ersten Lokomotiven erwies sich als höchst mangelhaft, erst später wurden die Gegengewichte vergrößert. Jedem Eisenbahnfreund ist ferner das Kapitel Dom und Sandkasten bei der P 8 in seiner Kombinationsmöglichkeit eine wahre Augenweide.

So hatten die ersten P 8 den Dom auf dem ersten Kesselschuß hinter dem Schornstein und unmittelbar dahinter den Sandkasten. Vom Jahre 1910 ab, als man die bereits erwähnten Änderungen durchführte, glaubte man, auch hier der besseren Gewichtsverteilung dienen zu müssen und verlegte den Dom weiter in die Mitte. Der Sandkasten rückte nun vor den Dom. Um 1912 wurde die Speisewasserreinigung modern, der Kessel erhielt Rieselbleche und die Speisewasserzuleitung wanderte auf den Kesselscheitel. Es erschien der Speisedom, der nun an die Stelle rückte, wo zu allererst der Dampfdom gesessen hatte. Dadurch ergab sich die Reihenfolge Speisedom – Sandkasten – Dampfdom, die recht nahe aneinander lagen. Daneben gibt es zu allem Überfluß auch noch Ausführungen mit zwei Sandkästen.

Zu gleicher Zeit erhielt das Führerhaus den bekannten Lüftungsaufsatz. Schließlich wurde in den Jahren 1912–14 die alte Garbesche „Qualmröhre“ beseitigt und der kleine, enge, aufsatzlose Schornstein, wie ihn die T 10 bis zuletzt hatte, durch die heute bekannte, schwach kegelige Ausführung mit Aufsatz ersetzt.

Eine letzte größere Veränderung mußte die P 8 sogar noch nach 1950 über sich ergehen lassen. Nach einem Vorschlag von Prof. Mölbert wurde bei zwei Maschinen der alte Schlepptender durch einen neuen Zweiachstender ersetzt, der mit einer Deichsel direkt am Hauptrahmen der Lokomotive angelenkt war. Es handelt sich also um ein Zwischending zwischen Tender- und Schlepptenderlokomotive. Die beiden Versuchsmaschinen erhielten dabei neue Führerhäuser und auch entsprechend ihrer gedachten Verwendung eine neue Baureihenbezeichnung: 78 1001 und 1002. Nun, der Umbau gelang, doch hinterher mag man sich wohl mit Recht die Frage gestellt haben, was denn damit nun eigentlich erreicht sei? So blieb es bei diesen beiden Außenseitern, die 1958 schließlich ausgemustert worden sind.

Wenn wir nun noch erwähnen, daß die alten P 8 um die „Qualmröhre“ einen jedesmal mit Freude zur Kenntnis genommenen roten Reifen trugen, so wird der Steckbrief unserer treuen Lokomotive wohl vollendet sein. Der rote Reifen oder auch Kringel? Nun, den trugen damals nicht etwa Lokomotiven, deren Mannschaft sich der Zugehörigkeit zur SPD verdächtig gemacht hatten. Es wird auch behauptet, daß – da es sich ja um Lokomotiven der Preußisch-Hessischen Staatsbahngemeinschaft handelt – das, was über dem Ring lag, dem Großherzogtum Hessen gehört hätte... Doch Scherz beiseite, alle Maschinen, die mit Marcotty-Rauchverminderungsanlage ausgerüstet waren, trugen damals diesen roten Reifen als Kennzeichen. Welch prosaische Erklärung!
Ab 1925 wurden auch die P 8 nach und nach mit Windleitblechen ausgerüstet, zunächst in der bekannten großen Form mit Befestigung auf dem Umlaufblech. Es hat aber lange gedauert, ehe alle Maschinen Bleche erhielten. Nach 1945 traten an Stelle der großen dann die kleinen „Witte“-Bleche, die an der Rauchkammerseitenwand befestigt sind und recht gefällig aussehen. Sie kommen insofern unserer P 8 etwas zugute, als sie baulich keine sonderli-

che Schönheit ist. Garbe hatte seinen eigenen Stil, dessen Charakteristikum der vorgezogene Kessel ist, der die Maschine kopflastig erscheinen läßt. Das Aussehen war ihm Nebensache. Nur im Tender, dem getreuen Trabanten jeder Lokomotive, war die P 8 wählerisch. Der alte 2'2'T 21,5 mit Außenrahmendrehgestell nach Musterblatt III5h war ihr bald nicht mehr gut genug. Sie bevorzugte die Ausführung III5l mit Fachwerkdrehgestell, die auch heute noch oft zu sehen ist. Besonders stolz aber war sie, wenn sie sich den großen S-10-Tender, den 2'2'T 31,5 zulegen konnte. Sie sah damit wie eine zünftige S-Lokomotive aus. In den Jahren nach dem zweiten Weltkrieg mußte sie sich mit dem Wannentender 2'2'T30 der Kriegslok befreunden. Wir sollten meinen, er wirke beinahe etwas zu groß für sie.

Wir erleben heute keine großen Leistungen der P 8-Lokomotiven mehr. Ihre Dienstpläne sind bescheiden, Nahschnellverkehrszüge, ein paar einfache Personenzüge und vielleicht noch ein kurzer Eilzug auf einer eingleisigen Hauptbahn, das dürfte alles sein, was ihr heutiges Tagewerk ausmacht. Man stutzt schon, wenn sie mehr als vier Wägelchen am Zughaken schleppt. Wer erinnert sich aber, daß das einmal ganz anders aussah? Vielleicht ist es gut, wenn wir dem jungen Eisenbahnfreund aufzeigen, zu welchen Leistungen diese relativ kleine Lokomotive befähigt war. Halten wir uns an das amtliche Ergebnis der Versuchsfahrten, welche die Preußische Staatsbahn im August 1906 auf der bekannten Prüfstrecke Güsten – Sangerhausen durchführte:
Es wurden schwere Schnellzüge von 10, 12 und 14 vierachsigen preußischen Abteilwagen, entsprechend einem Wagengewicht von 330, 400 und 471 t mit erheblicher Kürzung der fahrplanmäßigen Schnellzugfahrzeit befördert.
Folgen wir dem Bericht über die Fahrt mit dem 12-Wagen-Zug von 400,5 t Wagengewicht und 519,9 t Zuggewicht. Vom Bahnhof Güsten aus geht es unmittelbar in eine Steigung 1:100 hinein. Um 11.37 Uhr jenes Augusttages des Jahres 1906 gibt der Aufsichtsbeamte im Bahnhof Güsten den Abfahrtsauftrag. Der Lokomotivführer öffnet den Regler, und bei vollem Dampfdruck von 12 kp/cm², einem Schieberkastendruck von 10 kp/cm² und einer

Dampftemperatur von 320° C im Schieberkasten geht die Fahrt los. Die Steuerung ist auf 0,55 Grad Füllung ausgelegt. Es bleibt dem Leser überlassen, sich das Anfahren dieses Zuges vorzustellen. Um 11.40 Uhr, mitten auf der Steigung, entwickelt die Maschine 1200 PSi, um 11.42 Uhr ist die Höchstleistung der Lokomotive mit 1980 PSi, einer ganz phantastischen Zahl für diese kleine Lokomotive, erreicht. Der Dampfdruck ist geringfügig auf 11,8 $kp/cm^2$ zurückgegangen, die Dampftemperatur im Schieberkasten beträgt jetzt 350 Grad, die Steuerung ist auf 0,48 Grad Füllung zurückgenommen, die Luftverdünnung in der Rauchkammer beträgt 200 mm WS. Und bei dieser enormen Leistung mitten auf der Steigung 1:100 erreicht die Lokomotive eine Geschwindigkeit von 70 km/h, und das mit zwölf Wagen im Schlepp!

Die Höchstleistung konnte über sechs Minuten lang gehalten werden, der Leser wird verstehen, daß sich die Lokomotive mit diesen Werten bestens eingeführt hatte und die Richtigkeit der Garbeschen Gedankengänge trefflich bestätigte.

Der durchschnittliche Materialverbrauch bei dieser Fahrt, bezogen auf 1000 t/km Zuggewicht, betrug 207 l Wasser und 33,4 kg Kohle.

Das sind außerordentlich günstige Werte, vergleicht man sie mit den Ergebnissen vom Juni 1905 auf der gleichen Strecke, als man Vergleichsfahrten zwischen einer 2'B1'n4v-Schnellzuglokomotive der Gattung S 7 hannoverscher Bauart und einer 2'Bh2-Schnellzuglokomotive der Gattung S 4 unternommen hatte. Der Vergleichszug bestand damals aus elf Wagen, die S 7 verbrauchte in der gleichen Relation 66,1 kg Kohle und 422 l Wasser. die S 4 aber 47,7 kg Kohle und 251 l Wasser. Die Vergleichszahlen lassen deutlich werden, welch großer Fortschritt der Preußischen Staatsbahn mit der P 8 gelungen war, und insofern tut man ihr vielleicht ein klein wenig unrecht, wenn man sie hinter den süddeutschen „Star"-Lokomotiven zurückstehen läßt.

Die damals entstandenen Lokomotivbauarten P 8, G 10 und später die S 10.1 der KPEV waren schon geeignet, den Grundstock für einen soliden, wirtschaftlichen und zuverlässigen Lokomotivpark zu bilden.

Nicht jeder Eisenbahnfreund wird sich für derartige trockene Zahlen interessieren, aber wir glauben, die Leistung der P 8 auch einmal von der rein technischen Seite her erwähnen zu müssen, denn die große Stückzahl allein tut's ja nicht, wenn nicht ein entsprechendes Ergebnis damit verbunden ist.

Die P 8-Ära geht jetzt zu Ende. An ihre Stelle sind schon seit langem die elektrische und Diesel-Traktion getreten. E 41, V 100 oder V 160 sind ihre designierten Nachfolger, und bald wird niemand mehr von ihr sprechen. Dabei war man zu Beginn der zwanziger Jahre bereits drauf und dran, nach Gründung der Deutschen Reichsbahn die P 8 zur Einheitslokomotive zu ernennen. Nun, auch dann wären ihre Tage heute gezählt. Ihr sechzigster Geburtstag mag zugleich ein Abschiedstag sein. Die Linke-Hoffmann-Werke in Salzgitter haben zum Glück eine Lokomotive, die in ihrem Unternehmen gebaut wurde, auf dem Werkshof als schönes Erinnerungsstück aufgestellt. Schließen wir unsere Betrachtung mit der Hoffnung, daß man auch anderwärts diesem Beispiel folgen möge. Es mag töricht klingen, ein Schillerwort in Verbindung zur P 8 zu bringen. Wer aber von der älteren Generation ist hier nicht versucht, auszurufen: Es kann die Spur von ihren Erdentagen nicht in Äonen untergehn! *1966*

# Die badische IV h

Es ist ein eigen Ding um die gerechte Würdigung einer Lokgattung. Vergleicht man die Urteile verschiedener Fachleute, so wird man mancherlei Abweichungen in der Ansicht feststellen, und die Vermutung liegt nahe, daß oft persönliche Sympathie und Antipathie eine Rolle spielen. Das menschliche Urteil ist durch vielerlei Äußerlichkeiten beeinflußbar. Genauso auffällig wird die Diskrepanz, wenn man die Urteile der Zeitgenossen mit denen der Nachfahren vergleicht. Zwischen Verdammung und Glorifizierung liegt oft nur ein Schritt. Daß die Meinungen von Lokmannschaft, Werkstattpersonal, Konstrukteuren und Betriebsleuten kaum übereinstimmen, liegt auf der Hand. Dazu sind die Standpunkte allzu verschieden. Wie oft verwünscht der Lokführer, was der Konstrukteur voller Stolz als Meisterleistung empfindet, während die Männer vom Wartungsdienst sowieso ihre eigene Ansicht von den Dingen haben.

Die regionale Herkunft spielt ebenfalls eine große Rolle. Der Techniker aus süddeutscher Schule wird eine Vorliebe für die vierzylindrigen Maschinen haben. Der Preuße hinwiederum straft alle nichtpreußischen Konstruktionen mit Verachtung. Diese dogmatische Behauptung von Standpunkten zieht sich bis in die Gegenwart hinein. Erinnern wir nur an die manchmal fast als „Beweihräucherung" empfundene Wertung der Einheitslokomotiven. Derartige Auswüchse konnten allerdings nur in einer Zeit entstehen, als die Devise „am deutschen Wesen soll die Welt genesen" den Blick selbst bewährter Fachleute trübte.

Wo liegt das Maß? Gibt es auch in der Technik keine objektive Betrachtung eines Dinges? Nun, über diese Frage ist schon viel gestritten worden. Wenn sie nach den obigen Feststellungen zwar verneint werden muß, so sollten wir uns wenigstens bemühen, den zu betrachtenden Gegenstand von möglichst vielen Seiten aus zu beleuchten.

Diese grundsätzlichen Überlegungen meinten wir vorausschicken zu müssen, da im folgenden eine Lokgattung betrachtet werden soll, deren Lebensschicksal eben recht zwielichtig ist: Die badische IV h.

Die IV h – die Badische Staatsbahn bediente sich zur Bezeichnung ihrer Lokgattungen römischer Zahlen und kleiner Buchstaben – bei Reichsbahn und Bundesbahn erhielten sie die Baureihenbezeichnung 18.3 – die IV h also gehört zu jener berühmten, „Pacific" genannten Bauart. Die Amerikaner gaben Loks gleicher Achsfolge einen Namen, der oftmals mit der Entstehungsgeschichte zusammenhängt. So wurden die Loks, deren Fahrwerk aus einem zweiachsigen Drehgestell, drei gekuppelten Treibachsen und einer hinteren Laufachse bestand, „Pacific" genannt.
Die Herkunft des Namens datiert von einer Lieferung einer 2C1-Lok an die Missouri-Pacific-Bahn aus dem Jahre 1902, denn seit dieser Bestellung, die Alco ausführte, ist der Name gebräuchlich. Das war aber nicht die erste 2C1, schon früher sind einzelne Maschinen dieses Typs gebaut worden, so 1886 von G. S. Strong. 1889 erhielt die Lok Nr. 796 der Chikago-Milwaukee-Railroad, eine von Schenectady entworfene 2C-Lok, eine hintere Laufachse angefügt, weil sie zu schwer geraten war. Die Rhode-Islands-Eisenbahn erhielt 1893 eine 2C1, die Nr. 829, und im Jahre 1901 lieferte Baldwin sogar 13 Loks dieser Achsfolge an die Neu-Seeland-Eisenbahn. Nach der Jahrhundertwende trat die Pacific-Maschine in kurzer Zeit ihren Siegeszug über die ganze Welt an, kommt doch ihre Bauart der Unterbringung eines leistungsfähigen Kessels, wie ihn der hochwertige Schnellzugverkehr erfordert, weitgehend entgegen. Besonders die Notwendigkeit der Vergrößerung von Rost und Feuerbüchse zwangen dazu, die 2C zu verlassen, bei welcher die letzte Kuppelachse eine Breitenentwicklung arg behinderte. Die 2C1 verlockt geradezu den Konstrukteur, eine mächtige, breite Feuerbüchse im Raum zwischen der letzten Kuppelachse und der nachlaufenden Schleppachse anzuordnen. Diese Möglichkeit der Leistungssteigerung war es auch, die der Bauart Eingang in Europa verschaffte.
In Deutschland waren es die badischen Eisenbahnen, die unter Lokomotivsorgen von jeher zu leiden hatten, sind doch die dortigen Streckenverhältnisse allzu unterschiedlich. Denken wir nur an die geradlinige Flachlandstrecke Mannheim – Basel und im Gegensatz hierzu die schwierige Schwarzwaldbahn mit ihren zahlreichen Kehren.

Bei den französischen Eisenbahnen lagen die Verhältnisse ähnlich, und so wundert es nicht, daß die ersten Pacific-Loks in Europa in diesen beiden Ländern entstanden. Im Juli 1907 lieferte die Elsässische Maschinenfabrik in Grafenstaden ihre erste 2C1-Lok an die Paris-Orleans-Bahn und im Oktober des gleichen Jahres Maffei die erste Lok der neuen Bauart IV f an die Badische Staatsbahn. Die Ablieferung letzterer hatte sich verzögert, weil noch ein Überhitzer – zur Zeit der Bestellung der Lok eine neue Erfindung – eingebaut werden sollte.

Diese badische IV f stellte eine Lok ganz neuen Typs dar. Sie war eine Gemeinschaftsarbeit des badischen Lokbaudezernenten Alexander Courtin und des Chefkonstrukteurs der Firma Maffei, Anton Hammel. Mit dem Barrenrahmen, der breiten Feuerbüchse, den in einem Gußstück vereinigten vier Zylindern und vor allem mit ihrer ästhetischen äußeren Gestaltung bedeutete sie einen Markstein in der Geschichte des deutschen Lokbaus. Die IV f ist die Pionierlok des süddeutschen, des Maffeischen Baustils. Die Verwandtschaft mit der ein Jahr später aus ihr entwickelten bayerischen S 3/6 ist auch äußerlich dem Laien sichtbar. Beide Lokbauarten stellten damals auf lange Zeit hinaus einen konstruktiven Gipfelpunkt dar.
Die IV f hatte zwecks Einsatzes auf der Schwarzwaldbahn nur einen Treibraddurchmesser von 1800 mm bekommen. Indes – wir erwähnten bereits die Diskrepanz zwischen den Vorstellungen des Konstrukteurs und denen der Betriebsmänner – stiegen in jenen Jahren vor dem ersten Weltkrieg die Anforderungen an den Zugverkehr gewaltig, die IV f wurde überwiegend zum Einsatz auf der badischen Hauptbahn Mannheim – Basel herangezogen, dem sie mit ihrem Treibraddurchmesser nicht gewachsen war. Es stellten sich alsbald infolge der hohen Drehzahlen Schäden am Triebwerk heraus, die Anlaß zu Überlegungen zwecks Schaffung einer neuen Loktype gaben. Zu diesen Gedanken kam aber noch ein anderes wichtiges Moment.
Der Bahnhof Heidelberg war als Kopfbahnhof ausgeführt worden. Diese Anlage erwies sich aber schon frühzeitig als sehr hinderlich für einen zügigen Verkehrsablauf, insbesondere mit

Zunahme des Durchgangsverkehrs. So sind die Pläne, den Heidelberger Bahnhof in einen Durchgangsbahnhof umzubauen, sehr alt, wurden aber erst im Jahre 1955 verwirklicht. Beinahe wäre es im ersten Jahrzehnt unseres Jahrhunderts soweit gewesen. 1902 schritt man ernsthaft zur Projektierung eines neuen Bahnhofs, alsbald wurden auch die Umbauarbeiten in Angriff genommen, als Termin für deren Abschluß war das Jahr 1917 vorgesehen. 1914 konnte der neue Rangierbahnhof eröffnet werden, die Arbeiten für die Fertigstellung des Personenbahnhofs wurden leider mit Kriegsausbruch abgebrochen, nach Kriegsende ganz und gar eingestellt und erst 1950 wieder aufgenommen. Im Hinblick auf den Umbau des Bahnhofs wurde jedoch der Bau einer neuen Loktype in die Wege geleitet, welche die Strecke Frankfurt – Basel künftig ohne Wechsel durchlaufen sollte. Es war klar, daß für diese Aufgabe der Entwurf einer besonders leistungsfähigen Maschine notwendig war.
Im Jahre 1909 war ein Wechsel im maschinentechnischen Dezernat der Badischen Staatsbahn eingetreten. Courtin übernahm einen größeren Wirkungsbereich, an seine Stelle rückte Heinrich Baumann auf, der sich alsbald der Angelegenheit mit großem Ernst annahm. Denn die Erfahrungen mit der IV f hatten erneut die alte Frage aufgeworfen, welche Triebwerksbauart bei vierzylindrigen Maschinen den Belastungen eines derart langen Laufes von 338 Kilometern bei relativ hohen Geschwindigkeiten am besten gewachsen war. Courtin und Hammel hatten für die IV f und die S 3/6 das Einachstriebwerk gewählt, das schon August von Borries in Norddeutschland eingeführt hatte. Beim Einachsantrieb greifen alle vier Zylinder auf die gleiche Achse an, die – vierfach gekröpft – naturgemäß außerordentlichen Belastungen ausgesetzt ist.

Frankreich hatte sich für den vom Grafenstadener Chefkonstrukteur Alfred de Glehn entwickelten Zweiachsantrieb entschieden. Dieser ließ die Innenzylinder auf die erste Kuppelachse, die Außenzylinder auf die zweite Kuppelachse wirken, setzte dabei die Außenzylinder etwas nach rückwärts, um nicht allzu lange Treibstangen zu erhalten. Die Erfahrungen mit diesem Triebwerk

waren sehr gut, es arbeitete mit wesentlich weniger Verschleiß, war allerdings in der Herstellung etwas aufwendiger. Baumann sammelte auf einer Studienreise nach Frankreich persönlich Unterlagen für eine zuverlässige Konstruktion der Kropfachsen. Dort war die Nordbahn von jeher im Zweiachsantrieb führend gewesen, dank der Arbeiten des maschinentechnischen Leiters der Bahn, Du Bousquet, dessen 2B- und 2B1-Loks in vieler Hinsicht bahnbrechend gewirkt hatten. Die Nordbahn stellte im Jahre 1910 sogar die ersten beiden 2C2-Schnellzugmaschinen in Dienst, die in ihrer Größe der damaligen Zeit weit vorauseilten.
Das alles war für Baumann Grund genug, die Erfahrungen der Bahn zu Rate zu ziehen. Hinzu kam, daß die Preußische Staatsbahn im Jahre 1911 ebenfalls zum Zweiachsantrieb übergegangen war und sogar rein Grafenstadener Bauweise gewählt hatte. Diese neuen Maschinen der Gattung S 10.1 bewährten sich so gut, daß Baumann in seinem Vorhaben noch mehr bestärkt wurde. In gemeinsamer Arbeit zwischen Baumann und Hammel wurde eine völlig neue Type entwickelt, die in vielem vom bisherigen Baustil abwich.
Die neuen Loks erhielten reichlich dimensionierte Kessel von 225 $m^2$ Heizfläche und 5200 mm Rohrlänge. Die Feuerbüchse war sehr breit, der Rost mit 5 $m^2$ Grundfläche der größte, der in Deutschland bis dahin bei einer Serienlok verwendet worden war. Selbstverständlich bekam der Kessel einen Schmidt-Überhitzer. Auch die relativ hohe Zahl von 170 Heizrohren deutet darauf hin, daß der Kessel nach damaligen Begriffen auf Höchstleistung ausgelegt war.

Die größte Aufmerksamkeit schenkte man jedoch dem Triebwerk. Selbstverständlich baute man es als Vierzylinder-Verbundmaschine mit Zweiachsantrieb. Die beiden Innenzylinder rückten um eine ganze Zylinderlänge nach vorn, damit die Treibstangen genügend lang gehalten werden konnten, um auf der ersten Kuppelachse anzugreifen. Die Mittellinien der Zylinder sind leicht gegeneinander geschränkt angeordnet, dadurch konnten die Kurbelblätter der Kropfachse 160 mm stark gehalten werden, sie erhielten Fremont-Aussparungen. Da man besten Chrom-Nickel-

Tiegelstahl wählte, war die Stabilität der Achsen so ausgezeichnet, daß alle Loks der Gattung bis zur Ausmusterung im Jahre 1948 mit ihren ersten Achsen gelaufen sind, während man früher mit einer Lebensdauer von zwei bis drei Jahren rechnete.
Die weit vorgeschobene Lage der Innenzylinder ermöglichte einen Kunstkniff besonderer Art. Die Schieber für die Steuerung der innenliegenden Hochdruck- und der außenliegenden Niederdruckzylinder wurden in eine Ebene hintereinander auf eine gemeinsame Schieberstange direkt an den Rahmen gelegt. Dadurch ergab sich der Fortfall einer getrennten Steuerung für die Innenzylinder. Diese sind allerdings infolge dieser Anordnung denkbar unzugänglich geworden, und ihre Wartung und Pflege ist mit Schwierigkeiten verbunden.

An Formschönheit kann sich die Lok allerdings nicht mit ihren Vorgängern messen. Die hintere Adamsachse ist aus Gründen der Lastverteilung weit nach hinten gerückt. Um die Schornsteinlage in der Zylindermitte und damit günstigste Ausströmungsverhältnisse einhalten zu können, ist dem Vorderteil der Lok Gewalt angetan worden, und die alten Windleitbleche der Reichsbahn haben schamhaft verhüllt, was den Erbauern unlösbar schien.
Die Treibräder haben nach badischer Tradition 2100 mm Durchmesser, die Lok ist eine ausgesprochene Flachlandmaschine, ein Zweck, für den sie ja auch gebaut worden ist.
1915 wurden drei Probemaschinen bestellt. Infolge der Kriegsereignisse und Überlastung der Lokbauanstalt zog sich der Bau drei Jahre hin. Am 13. Juni 1918 wurde die erste Lok mit der Fabriknummer 4627 und der Betriebsnummer 49 abgeliefert. In kurzen Abständen folgten die beiden Schwestern, Fabriknummern 4628 und 4629, Betriebsnummern 64 und 95. Sie erhielten das neue Gattungszeichen IV h.
Zu den Maschinen waren auch neue große Tender entworfen worden, die den Langlauf Frankfurt – Basel ermöglichen sollten. Neben 9 t Kohle konnten sie 26,6 m3 Wasser aufnehmen. Sie besaßen zwei feste Achsen und ein Drehgestell. Die Loks bewährten sich auf Anhieb vorzüglich, so daß weitere 17 Stück in zwei Serien geliefert wurden, die letzte Lok am 11. März 1920.

Sie wurden auf der badischen Hauptbahn eingesetzt. Bei Versuchsfahrten ergaben sich anstandslos Zugleistungen von 650 t bei 100 km/h Geschwindigkeit in der Ebene. Schnellfahrversuche zeigten Geschwindigkeiten von 155 km/h bei denkbar ruhigem Lauf, so daß die Loks auch leistungsmäßig alle Erwartungen erfüllten.
Die Maschinen machen in ihrer eigenartigen Bauweise auf den Beschauer einen gewaltigen Eindruck und haben in ihrer Imposanz nur wenige ihresgleichen. Sie nahmen zu Beginn der zwanziger Jahre gemeinsam mit den 1'D1'h4v-Schnellzugloks der Sächsischen Staatsbahn, spätere Reihe 19.0, eine Spitzenstellung im deutschen Lokomotivbau ein.
Über diese zwanzig Maschinen hinaus wurden keine weiteren Bestellungen aufgegeben, denn die Verhältnisse hatten sich inzwischen geändert. Im Jahre 1920 waren alle Länderbahnen auf die neugegründete Deutsche Reichsbahn übergegangen, die nunmehr die Lokomotivbeschaffung selbst in die Hand nahm. Es kam zur Projektierung und Beschaffung der bekannten Einheitsloks, von denen im Jahre 1925 die ersten Baumuster der Reihen 02 und 01 abgeliefert wurden.
Die IV h-Maschinen hatten während dieser Zeit unentwegt in Baden Dienst getan. Man wußte wohl ihre Leistungsfähigkeit zu schätzen und erwog auch eine Zeit lang, sie in Norddeutschland, und zwar auf der Flachlandstrecke Köln – Hamburg einzusetzen. Mit dem Erscheinen der Einheitsloks ging aber mehr und mehr das Interesse an diesen badischen Riesen verloren. Die Gründe hierfür sind mannigfacher Art.

Einmal waren die IV h-Maschinen – oder die Baureihe 18.3, wie sie nun hießen – beim Personal vielfach unbeliebt. Ihre Wartung war sehr schwierig, allein das Ölen der Innenzylinder war infolge deren Unzugänglichkeit eine komplizierte Arbeit. Auch hierüber sind die Meinungen allerdings geteilt. Ein namhafter Konstrukteur, der selbst längere Zeit in Offenburg die IV h gefahren hat, versicherte mir, daß die Wartung der Maschinen genau nicht schwieriger als bei jeder anderen Vierzylinder-Type sei. Er lobte im Gegenteil die Übersichtlichkeit der Maschine. Ihr gesamtes

inneres Triebwerk und die Unterbuchsen der Treib- und Kuppelachsen können bei richtiger Stellung, die jedes Personal bald kennt, von außen abgeölt werden.
Andererseits besaßen die Loks in ihrer Urform eine Anzahl Mängel, die an sich mit der grundsätzlichen Konzeption nichts zu tun hatten, aber doch sehr störend empfunden wurden. Sie waren im Betrieb etwas anfällig. Die Anordnung der Armaturen im Führerhaus war nicht glücklich. Auch waren die Federn etwas zu steif geraten, und insbesondere hatte man eine Sechspunktaufhängung gewählt anstatt der zweckmäßigeren Vierpunktaufhängung. Auch machte die Anordnung der Steuerschieber das Einstellen des Hochdruckschiebers zu einer umständlichen und zeitraubenden Angelegenheit, da mit Zwischenringen gearbeitet werden mußte. Gerade solche kleinen Mängel tragen aber mehr dazu bei, eine Lok in Verruf zu bringen, als offensichtliche Unwirtschaftlichkeit.
Nicht zuletzt hat die Tatsache, daß es sich um eine Vierzylinder-Verbundmaschine handelt, den Loks schwer geschadet. Bekanntlich waren die maßgebenden Fachleute der Deutschen Reichsbahn gegen das Verbundverfahren eingestellt, der „Garbe-Geist" begann, sich im ganzen Reich durchzusetzen (Garbe-Geist deshalb, weil Robert Garbe einer der fanatischsten Vorkämpfer der Heißdampf-Zwillingsmaschine war und das Verbund-Verfahren für überflüssig hielt). Man hatte ja 1925 den süddeutschen Staatsbahnmännern noch einmal mit dem Bau der 02, einer Vierzylinder-Verbundtype, eine Konzession gemacht, einer Bauart, die aber zum Mißlingen verurteilt war, noch ehe sie die erste Fahrt antrat, wie ja der Eingeweihte weiß. Nach dem einfachen Schluß, daß nicht sein kann was nicht sein darf, war damit auch das Urteil über die IV h gesprochen.
Nachdem im Jahre 1930 auch noch die 03-Type erschienen und damit ein größerer Bestand an Zwillings-Schnellzugloks vorhanden war, bekamen die IV h-Lokomotiven den Garaus gemacht: Alle 20 Maschinen, die sich bis dahin beim Bw Offenburg befanden, wurden abgezogen und im Jahre 1933 zum Bw Koblenz-Mosel verlegt. An ihrer Stelle erhielt das Bw Offenburg Loks der Baureihe 01.

Was sie in Koblenz eigentlich sollten, hat man bis heute noch nicht ergründen können. Man hatte wohl an den „Rheingold" und an den Ersatz der S 10 gedacht, ihr Hauptbetätigungsfeld war jedoch der – Personenzugdienst. Sie verrichteten Dienst auf den Rheinstrecken, einige standen im Eilzugplan Köln – Wuppertal – Hagen – Hamm, andere liefen die Strecke bis Ludwigshafen. Die badische Heimat hat keine wieder gesehen.
Ich habe sie regelmäßig vor dem Nachmittagspersonenzug Koblenz – Ludwigshafen beobachten können, der – wie üblich aus preußischen Abteilwagen bestehend – nunmehr von einer riesigen Schnellzuglok mit 2100 mm Treibraddurchmesser gezogen wurde. Oft habe ich im Bahnhof Worms vor der IV h und ihrem „Bummelzug" gestanden. Wie sehr hat man damals einen deutschen Chapelon vermißt. Selbstverständlich wechselten auch wieder Einsätze vor Schnellzügen ab, aber im Grunde war es doch Gelegenheitsarbeit, von denen die IV h-Loks leben mußten. Die Koblenzer Zeit währte bis in die Kriegsjahre hinein. Im Jahre 1942 kam ein neuer Marschbefehl, irgend jemand muß sich erinnert haben, daß die Loks für andere Einsätze gebaut waren. Sie wurden zum Bw Bremen Hbf verlegt. Hier waren sie auf den Strecken Bremen – Hamburg und Bremen – Berlin eingesetzt. Vom äußersten Süden waren sie nunmehr zum entgegengesetzten Norden gelangt. Allerdings machte man während der Bremener Zeit wieder einmal eine neue Entdeckung, die nämlich, daß die IV h der 03-Einheitstype völlig ebenbürtig, ja, bezüglich der Laufeigenschaften und ihrer Zugkraft sogar überlegen waren. Während vor den Zügen Bremen – Berlin die 03 im Verspätungsfalle nicht mehr als sechs Minuten aufholen konnte, kam die IV h auf 15 Minuten.

Die Loks erlebten im Raum Bremen – Hannover das Kriegsende, sie wurden nicht mehr eingesetzt. Die 18 303 war durch einen Unfall beschädigt worden, die 18 326 ganz und gar ausgeschieden. Die Hauptverwaltung der Deutschen Reichsbahn in den westlichen Besatzungszonen machte einen Strich unter das Dasein der Maschinen. Durch Verfügung vom 20. September 1948 wurden die Loks 18 301, 302, 303, 311, 312, 313, 315, 317, 318, 321,

322, 324, 325, 327 und 328 ausgemustert. Die Loks 18 313 und 324 erlebten das Ende im Bahnhof Rotenburg (Hann), alle anderen standen irgendwo herum. Der aufmerksame Leser wird festgestellt haben, daß vier Nummern von der Ausmusterung nicht betroffen worden sind. Ein Zufall bewahrte sie vor der Verschrottung: Als nach dem Kriege das Versuchswesen der deutschen Eisenbahnen neu aufgebaut wurde, als an die Stelle der alten Versuchsanstalt Grunewald, die im Kriege zerstört worden war, für die Bundesbahn die Versuchsanstalt in Minden und für die mitteldeutsche Reichsbahn die Versuchsanstalt in Halle traten, erinnerte man sich der badischen Loks und ihrer guten Laufeigenschaften wieder. Die 18 316, 319 und 323 kamen nach Minden als Bremsloks, die Lok 18 314 wurde von der Versuchsanstalt Halle im Tausch gegen die 18 434, die – in Hof beheimatet – vom Kriegsende im Raum Dresden überrascht worden war, erworben. Diese vier Maschinen erlebten nun eine zweite Blütezeit. Ihre oben genannten Mängel wurden beseitigt, die Mindener Loks erhielten 1950 neue Kessel von Krauss-Maffei eingebaut und stehen seither in ununterbrochener Folge im Dienst zur vollen Zufriedenheit ihrer Besitzer.

Nie ist die Leistungsfähigkeit der IV h-Loks augenfälliger geworden, als 40 Jahre nach ihrer Entstehung. Der Fall, daß eine Lok auf ihre alten Tage nachholt, was sie in der Jugend versäumt hat, dürfte auch nicht alltäglich sein. Wir verzeichnen den Tatbestand, daß diese Maschinen heute an Leistung und Wirtschaftlichkeit erheblich die vergleichbare 03-Type übertreffen, ja, unter gewissen Betriebsbedingungen sich selbst der 01 als überlegen erweisen, da der Kessel dank der ungewöhnlich großen Rostfläche sehr „verdampfungsfreudig" ist. Hinsichtlich der Laufruhe übertrifft die IV h alle deutschen Loks. Bei Versuchsfahrten haben die Maschinen wiederholt Geschwindigkeiten von 165 km/h erreicht.

Gerade wegen dieser unübertroffenen Laufeigenschaften möchte sie heute keine der Versuchsanstalten missen. Berühmt geworden ist die Langstreckenfahrt Hamburg-Altona – Freilassing vom Jahre 1951. Die 977 km lange Strecke hat eine Mindener Lok ohne Ausschlacken, ohne jede Störung mit einem 150-t-Zug im verkürzten F-Zugplan zurückgelegt, dabei mit Geschwindigkeiten von bis zu 125 km/h. Diese Leistung macht ihr so leicht keine andere Lok nach. Auch das äußere Bild hat sich gewandelt. Alle vier Maschinen haben statt des wenig schönen badischen Schornsteins einen Caledonian-Schornstein erhalten. Die Lok 18 319 der DB bekam eine verlängerte Rauchkammer, die die architektonischen Sünden der Erbauer aufhebt und der Lok ein vortreffliches Äußeres verleiht.

Die größten Änderungen hat aber die nach Halle gekommene Lok 18 314 über sich ergehen lassen müssen. Abgesehen davon, daß sie zunächst mit einem französischen Nordbahntender gekuppelt wurde, welcher der Lok bereits ein fremdartiges Aussehen verlieh, wurde sie im Dezember 1959 vom RAW Zwickau völlig umgebaut. Die Maschine erhielt den neuen Kessel mit Verbrennungskammer, wie ihn auch die mitteldeutschen Baureihen 03, 39 und 41 eingebaut bekommen. Am Triebwerk wurden keine Änderungen vorgenommen, das Laufwerk wurde jedoch durch Änderungen des Achslastausgleichs verbessert. Der Langkessel mußte um 220 mm gekürzt werden, um ausreichenden Platz in der Rauchkammer für die Unterbringung des Dampfsammelkastens zu erhalten, da die Schornsteinmitte zur Zylindermitte durch die voluminösen Ausströmrohre festgelegt ist. Die Lok erhielt einen Einheitstender 2'2' T 34 und eine strömungsgünstige Stirnverkleidung. Die Kesselaufbauten wurden unter einer gemeinsamen, bis zur Führerhauswand geführten Verkleidung untergebracht. Luftpumpe und Kesselspeisepumpe wurden wie bei den Einheitsloks an einem besonderen Pumpenträger befestigt, und der Vorwärmer ist in der Rauchkammer quer vor dem Schornstein untergebracht. Die schmalen Windleitbleche verleihen der Lok zusammen mit dem grün-roten Anstrich ein geschmackvolles Aussehen.
Auch diese Maschine leistet spielend Geschwindigkeiten von 160 km/h. Wenn wir bedenken, was für Experimente und Versuche mit Schnellfahrloks in den dreißiger Jahren angestellt wurden, während dem Renner im eigenen Hause überhaupt keine Beachtung geschenkt wurde, so dürfte damit das, was wir als

Vorbemerkung diesem Aufsatz vorauszuschicken für notwendig hielten, hinlänglich belegt sein – die 18 314 steht der 01 in nichts nach. Damit hat die badische IV h aus dem Jahre 1918 doch noch den Ruhm erreicht, der ihr gebührt: Star unter allen deutschen Dampfloks zu sein. *1962*

# Nochmals: Die badische IV h

Das große Interesse, das die Lebensgeschichte dieser hervorragenden Lokomotivgattung gefunden hat, veranlaßt uns, zusätzlich noch einige Einzelheiten mitzuteilen, über die wir inzwischen Unterlagen, insbesondere durch die Hilfe unseres Mitarbeiters, Herrn Dr. Mühl, sammeln konnten. Diese Angaben tragen dazu bei, weiteres Licht auf den merkwürdigen Lebensweg und das wechselvolle Schicksal dieser Maschinen zu werfen und manches von uns Gesagte noch zu unterstreichen. Bereits im Jahre 1923 mußten die Maschinen, damals noch alle in Offenburg, für kurze Zeit die Wanderschaft antreten. Als Frankreich mit militärischer Gewalt die Erfüllung der Reparationsverpflichtungen erzwingen wollte, wurden sie nach Lauda vor dem französischen Zugriff in Sicherheit gebracht.

Am 1. 4. 1933 befanden sich noch alle 20 Lokomotiven beim Bw Offenburg, wo sie zusammen mit den seit 1930 vorhandenen fünf Maschinen der Baureihe 01 (01 077–081) im Dienstplan 2 (dreifach besetzt) auf der Hauptstrecke Heidelberg/Mannheim – Basel eingesetzt waren. Ihre Tageshöchstleistung belief sich damals auf 804 km! Der Dienstplan umfaßte zwölf Lokomotiven (vier der BR 01 und acht IV h). Die anderen IV h-Maschinen waren damals schon kalt abgestellt. Die Abgabe nach Koblenz vollzog sich, als weitere 01er nach Offenburg überstellt wurden. Die Zuteilung dieser Type an Offenburg und die Umstellung des gesamten S-Zug-Dienstes beweist einmal mehr, welche Überbewertung die Zwillingsmaschine damals bei der Deutschen Reichsbahn genoß.

Bis 1935 waren alle IV h-Lokomotiven abgegeben worden. In Koblenz verblieben allerdings nur elf, fünf wurden alsbald an das Bw Bremen Hbf und vier an das Bw Altona weitergeschoben. Bei letzteren handelt es sich um die Betriebsnummern 18 312, 313, 317 und 327. Über das Einsatzgebiet haben wir bereits berichtet. Die Koblenzer Maschinen hatten neben dem Personenzug- und Eilzugdienst als einen der wenigen festen D-Zugpläne den D 119/120, Wuppertal – Bingerbrück – Landau, zu befördern. Die in Bremen und Altona beheimateten Maschinen fuhren z. T. Schnelltriebwagen-Ersatzzüge sowie die Hapag- und Lloyd-Sonderzüge nach Berlin Lehrter Bahnhof. Daß sie auf diesem Kurs die 03 jederzeit aus dem Felde schlugen, erwähnten wir bereits. Die Altonaer Maschinen befuhren die Strecken von Altona nach Kiel, Westerland, Flensburg und Berlin. Zeitweise waren sie auch als Bespannung für die Doppelstockzüge Hamburg – Lübeck eingesetzt.

1942 waren alle 20 Lokomotiven in Bremen wieder vereint. Sie fuhren dort u. a. auf den Strecken Bremen – Osnabrück – Köln und Wilhelmshaven – Hannover. 1945 erlosch der Stern der IV h dann endgültig, nachdem er schon seit 1933 nicht mehr recht zum Leuchten gekommen war.

Geschichte einer Lokomotivgattung ist auch immer Zeitgeschichte und Ausdruck der Einstellung und Denkweise der maßgebenden leitenden Fachleute. Die Maschinen der Gattung IV h sind zeitlebens von Vorurteilen und Voreingenommenheit nicht losgekommen. Vor allem paßte nicht in die damalige Konzeption, daß sie als Verbundmaschinen mit den Zwillingen der Einheitsreihen jederzeit konkurrieren konnten, getreu dem Palmström-Zitat „daß nicht sein kann was nicht sein darf".

Freuen wir uns, daß sich wenigstens 1948 in West- als auch in Mitteldeutschland Männer gefunden haben, die den hohen Wert dieser Maschinen zu schätzen wußten und einigen zu einer verspäteten Auferstehung verhalfen.

*1963*

# Die letzten Mecklenburger

Viele unserer Leser werden es kaum glauben wollen, aber es gibt sie tatsächlich noch, die letzten Dampflokomotiven der früheren Mecklenburgischen Friedrich-Franz-Eisenbahn. Während so manche renommierte Lokgattung der größeren Länderbahnen längst den Weg zum Hochofen angetreten hat, dampfen die mecklenburgischen T 4-Tenderlokomotiven immer noch treu und brav mit lustigem Gebimmel durch das Land. Dabei ist die T 4 alles andere als ein Star, im Gegenteil, sie gehört zu den einfachsten Lokomotiven überhaupt, die es in Deutschland gegeben hat. Liegt darin das Geheimnis ihrer Langlebigkeit?

Wer kennt sie überhaupt näher, diese zweitkleinste deutsche Länderbahn, die dennoch mit ihren 1177 km Streckennetz die kleinste, die Oldenburgische Staatsbahn (681 km), um fast das Doppelte übertraf! Man ist eher versucht, die Frage zu stellen, wer das Land Mecklenburg heute überhaupt noch kennt? Bewegte sich vor dem Kriege auch vom Westen her ein starker Strom von Feriengästen zu den herrlichen Seebädern der Ostseeküste, so ist für den westdeutschen Reisenden auch dieser Kontakt heute so gut wie abgeschnitten. Dabei hat Mecklenburg dem Naturfreund vieles zu bieten, mehr als manch andere vielbesuchte deutsche Landschaft, reichen doch die Landschaftsformen von der bizarren Steilküste am Meeresufer bis zum stillen, verborgenen, verwunschenen Waldsee. Dem Sportler ist vielleicht das Seglerparadies der Müritz, des zweitgrößten deutschen Binnensees, noch am ehesten bekannt.
Handel und Wandel des Landes sind auf die Landwirtschaft ausgerichtet. Mecklenburg gehörte früher gemeinsam mit Pommern zu den bedeutenden Agrargegenden unseres Landes. Daran hat sich bis heute nicht viel geändert, trotz aller Versuche, das Gebiet industriell zu beleben. Der mecklenburgische Landmann ist konservativ, er ist zudem seßhaft. Er gehört einem Menschenschlag an, der vom Reisen nicht viel hält. Sehen wir einmal von der Militärzeit der jungen Männer ab, so war für viele Familien die jährliche Reise nach Rostock, der größten Stadt des Landes, die

einzige Gelegenheit, mit der Eisenbahn in Berührung zu kommen. Der Rostocker Einkaufstag aber kam einem Familienfest gleich, und manch älterer Leser wird sich noch erinnern, daß bei solchen Anlässen auch die alten Trachten des Landes zu Ehren kamen.
Daß bei so wenig Reiselust und bei so ausgesprochen landwirtschaftlich orientiertem Transportwesen das Eisenbahnnetz bescheiden blieb, wird den Leser nicht wundern. Selbst die meisten Hauptbahnen waren eingleisig, und im Grunde sind es – vom sommerlichen Seebäderverkehr einmal abgesehen – nur die Strecken Warnemünde – Rostock – Neustrelitz – Berlin und Rostock – Schwerin – Hamburg gewesen, die für den Durchgangsverkehr interessant waren, besonders unter Berücksichtigung der Fährverbindungen über die Ostsee von Warnemünde aus. Das zwar landschaftlich zu Mecklenburg, aber politisch früher zu Vorpommern gehörende Stralsund soll dabei unberücksichtigt bleiben. Zwar gab es noch die eingleisige Hauptbahn Stralsund – Rostock. Aber wenn der Schreiber dieser Zeilen verrät, daß er auf dieser Strecke früher selbst einmal im Schnellzug gefahren ist, der von einer Dampflok der Baureihe 57.10 geführt wurde, also von einer G 10, dann sagt das wohl mehr als alles andere.

Nein, Mecklenburg ist das Land der Nebenbahnen. Es hat selbst nie eigene Schnellzuglokomotiven besessen. Für die wenigen D-Züge genügten Lokomotiven der preußischen Gattung P 8, während die Personenzuglokomotiven der Gattungen P 4.2 und P 3.1 den übrigen Reisezugverkehr auf den Hauptstrecken besorgten. Die maschinentechnische Leitung der Großherzoglich Mecklenburg-Schwerinschen Staatsbahn (die gar nicht Staatsbahn hieß, sondern nach dem Großherzog Friedrich-Franz II., 1823–1883, benannt war), lag bei der Maschineninspektion in Malchin, wo sich auch eine der drei Hauptwerkstätten befand. Die Hauptverwaltung saß in der Residenzstadt Schwerin. Die maschinentechnischen Leiter waren weise genug, auf ehrgeizige Entwicklung eigener Loktypen zu verzichten. Man übernahm bewährte preußische Gattungen und ging so jedem betrieblichen und damit auch finanziellen Risiko aus dem Wege. Das hat sich auf lange Sicht hinaus ausgezahlt, das Maschinenwesen der MFFE befand sich in bester Ordnung und konnte jeden Vergleich mit den größeren Bahnen aufnehmen. Unsere Statistik weist aus, daß die mecklenburgischen Lokomotiven seit 1895 eine Reihennummerung besaßen, äußeres Symbol der inneren Ordnung des Ganzen. Die mecklenburgischen Lokomotiven trugen wie die Bayern das Nummernschild in der Mitte zu beiden Seiten des Langkessels, später auch noch vorn an der Rauchkammertür. Auch die alten Loknamen haben sich lange gehalten. Noch um die Jahrhundertwende standen in Mecklenburg Maschinen mit Namen im Dienst. Die Uhren liefen eben etwas langsamer in diesem nördlichen Bundesland.

Mecklenburg ist ein Dorado der Nebenbahnen. Indes machte sich im ersten Jahrzehnt unseres Jahrhunderts eine Schwierigkeit bemerkbar. Das Verkehrsaufkommen auf den Nebenbahnen war sehr wechselvoll. Im Winter und im Frühjahr beschränkte es sich auf geringe Personenbeförderung und den unregelmäßigen Transport von Massengütern. Im Sommer und Herbst hingegen bedingte der Abtransport der Agrarerzeugnisse relativ stärkeren Güterverkehr. Gleichzeitig nahm der Betrieb auf den Bäderstrecken und nach den Kurorten zu. Eine Lokomotive, welche diesen extremen Anforderungen gewachsen und dabei noch wirtschaftlich zu betreiben war, fehlte.

So ging die maschinentechnische Leitung im Jahre 1906 daran, gemeinsam mit der Lokomotivfabrik Henschel einen eigenen Entwurf für eine Nebenbahnmaschine aufzustellen, wobei man die bewährte preußische Gattung T 9.3 in etwa zum Vorbild nahm. Die zu schaffende Lokomotive mußte niedrigen Achsdruck, geringen Wartungsaufwand, dabei aber gute Dampfleistung und starke Zugkraft aufweisen. 1907 war es soweit, die ersten 1'Cn2-Tenderlokomotiven der neuen Gattung T 4 verließen das Kasseler Werk. Sie erwiesen sich von Anfang an als voller Erfolg, so daß sie laufend bis zum Jahre 1922, während des Krieges auch bei Orenstein & Koppel, nachbestellt wurden und ihr Bestand schließlich auf 50 Stück anstieg. Die letzten Maschinen laufen heute noch, nach über 50jähriger Betriebszeit.

Schauen wir uns die Lokomotiven ein wenig näher an. Als Grundsatz hatte gegolten, die Maschine so einfach wie möglich zu bauen, um optimale Betriebssicherheit und Wartung in ländlichen Gebieten sicherzustellen. Die drei Treibachsen erhielten anfangs nur 1150 mm Durchmesser, ein etwas kleiner Wert, der ab 1915 auf 1200 mm erhöht wurde. Demgemäß stieg auch die größte Geschwindigkeit von anfangs 45 auf 55 km/h.

Mehr wurde nicht verlangt, man hatte eben Zeit im Lande Fritz Reuters. Die vordere Laufachse wurde nach der Bauart Adams ausgeführt und hat bei der geringen Geschwindigkeit immer befriedigt. Interessant ist der oben über dem Rahmen zwischen der Laufachse und ersten Kuppelachse liegende, die Federn verbindende Ausgleichhebel, der sich wegen der niedrigen Lage der Zylinder unterhalb nicht mehr anbringen ließ. Dieser schwere Ausgleichhebel und die außen sichtbaren verkleideten Ausströmrohre verleihen den Maschinen ihr unverwechselbares Aussehen.

Der Kessel ist nur geringfügig kleiner als jener der preußischen T 9.3. Den wechselnden Betriebsanforderungen paßt sich hingegen der etwas größere Rost gut an. Die T 4 ist sehr leicht, mit 12 t Achslast und 46,1 t Gesamtgewicht war sie unbeschränkt einsatzfähig. Größter Wert wurde auf einfache Bedienung gelegt, die Lok galt praktisch als „narrensicher". Aufschlußreich ist auch, daß die Führerhäuser bei den späteren Ausführungen ohne Schiebefenster ausgeführt waren und nur den schmalen Einstieg aufwiesen.

Dieser konnte durch einen herunterklappbaren Vorhang völlig abgedichtet werden, für die Mannschaft zweifellos eine angenehme Zugabe, besonders in Anbetracht der kalten Winterstürme des mecklenburgischen Küstengebietes. Die Sicht vom Innern des Führerhauses auf die Strecke war ausgezeichnet.

So viel über die letzte Eigenkonstruktion der Mecklenburgischen Friedrich-Franz-Eisenbahn. Die Maschinen wurden zwischen 1907 und 1922 nach und nach in Dienst gestellt und auf fast alle mecklenburgischen Bahnbetriebswerke verteilt. Die meisten haben auch späterhin der RBD Schwerin als der Nachfolgedienststelle die Treue gehalten.

Am 31. Dezember 1941 waren noch 38 Maschinen vorhanden. Drei Stück fielen den Kriegsereignissen zum Opfer, 31 kamen im Jahre 1945 zur DR, während sich vier Stück diesseits der Demarkationslinie vorfanden. Es waren dies die 91 1917, 1920, 1944, 1949, wobei wir hinzufügen, daß der Leser sicher im Bilde ist, daß die meckl. T 4 1925 als BR 91.19 in den Umzeichnungsplan für Lokomotiven eingestellt worden ist. Nach Einsatz beim Bw Heiligenhafen wurden die vier westdeutschen T 4 um 1949/50 ausgemustert, die 1944 kam als Werklok zum AW Hamburg-Harburg.
Auch die bei der Deutschen Reichsbahn verbliebenen Lokomotiven sind zahlenmäßig in den letzten Jahren zusammengeschrumpft. Einige versehen noch beim Bw Wittenberge Dienst und dampfen auf den Nebenbahnen im Raume Putlitz – Perleberg – Pritzwalk. Mit der Einstellung des Nebenbahnbetriebes ist aber auch ihr Stündlein gekommen. Immerhin, es gibt sie noch als letzte Überbleibsel der alten Mecklenburgischen Staatsbahn.
Sie konnten sich sehen lassen, die T 4-Maschinen, wenn sie auch äußerlich alles andere als Schönheiten waren. Dafür galten sie aber als betriebstüchtig und wirtschaftlich und brauchten einen Vergleich mit renommierten Gattungen der großen Staatsbahnen nicht zu scheuen. Grund genug, auch einmal dieser unscheinbaren T 4 ein Gedenkwort zu widmen. *1969*

# Die Baureihe 62

Sie sind im Grunde das Stiefkind der Deutschen Eisenbahnen geblieben, die 62er-Dampflokomotiven. Kein Mensch ist bis jetzt dahintergekommen, weshalb sie eigentlich gebaut worden sind. Die Deutsche Reichsbahn hat selbst lange gezögert, diese Maschinen zu übernehmen, sie stellten bis zuletzt eine Type dar, die den Betrieb immer wieder vor die Frage stellte: Was fangen wir nur mit diesen Maschinen an? Man hat in späteren Jahren nach Begründungen für den Bau dieser schweren Personenzugtenderlokomotiven gesucht. In der Literatur sind manchmal die seltsamsten Theorien aufgetaucht. Von Kurzstrecken wurde gesprochen, doch auf den wenigen, die dafür in Frage kommen, sind die Lokomotiven nie aufgetaucht. Verweilen wir daher einen Augenblick bei der interessanten Vorgeschichte. Wie kam es überhaupt vor 40 Jahren zum Bau dieser 2'C2'h2-Tenderlokomotiven der Baureihe 62?

Die Deutsche Reichsbahn hatte sich nach ihrer Gründung in eingehenden Überlegungen dafür entschieden, den ursprünglich vorgesehenen Bau bewährter Länderbahn-Lokomotivgattungen einzustellen und an deren Stelle einheitliche Typen für das ganze Reichsgebiet einzuführen, sogenannte „Einheitslokomotiven". Bei diesen sollten so weit wie möglich einheitliche Bauteile verwendet werden. Die Normung der Lokomotiv-Einzelteile wurde eingeführt und erwies sich als eine der segensreichsten Maßnahmen überhaupt, die in ihrer Bedeutung vom Laien viel zu wenig gewürdigt wird. Ein Katalog von neuen Lokomotivtypen wurde aufgestellt, die Zeichnungen im sogenannten Vereinheitlichungsbüro der Deutschen Reichsbahn in Verbindung mit dem Reichsbahn-Zentralamt, Berlin, angefertigt. Dezernent für den Lokomotivneubau war R. P. Wagner, dessen Handschrift fast alle Einheitslokomotiven tragen.

Man sah Typen mit 20, 17 und 15 Mp Achslast vor. In der 20-Mp-Reihe machte eine 2'Ch2-Personenzuglokomotive, Baureihenbezeichnung 20, den Anfang, die mit einer 2'C2'h2-Tenderlok weitgehend identisch sein sollte. Beide Typen waren dazu auserse-

hen, den schweren Personenzugdienst auf Hauptbahnen zu übernehmen. Der Bau der Personenzuglok Baureihe 20 wurde jedoch zunächst zurückgestellt, es lag kein dringendes Bedürfnis vor. Denken wir daran, daß eben erst die letzten Exemplare der neuen 1'D1'-Lok der Reihe 39 abgeliefert wurden. Zudem befand sich die DRG in erheblichen finanziellen Schwierigkeiten, die auch z. T. politischer Natur waren.
Es galt aber, mit den neuen Loktypen Erfahrungen zu sammeln. Die schweren Schnellzuglokomotiven waren bereits entstanden. So entschloß man sich zunächst zum Bau der schweren Personenzugtenderlokomotive, für die man noch am ehesten eine Verwendung zu finden glaubte, zumal damals noch die Annahme bestand, der Umbau der Strecken auf 20-Mp-Achlast werde sich in Bälde realisieren lassen. Wir erinnern daran, daß als erste Einheitslokomotiven neben den erwähnten Schnellzugmaschinen der BR 01 und 02 auch Personenzuglokomotiven der BR 24 und Tenderlokomotiven der BR 64 und 86 bestellt worden waren. So ging im März 1927 die Bestellung auf 15 Maschinen dieser neuen Type Pt 37.20 (die Baureihenbezeichnung stand noch nicht fest) an die Firma Henschel & Sohn in Kassel heraus.

Der Verteilerplan sah vor: RBD Elberfeld fünf Maschinen, RBD Hannover fünf Maschinen, RBD Würzburg fünf Maschinen. Wir sehen, daß man bei dieser Verteilung wohl zunächst an den örtlichen Kurzstrecken-Personenzugdienst gedacht hatte. Aber schon bei einer Besprechung mit Vertretern der Direktionen im gleichen Jahr wurde die Verteilung wie folgt festgelegt: RBD Halle zehn Maschinen, RBD Stettin fünf Maschinen. Ganz einig, was mit den Lokomotiven anzufangen sei, war man sich also von Anfang an schon nicht.
Henschel übernahm den Bau der Maschinen, und nun beginnt eines der Kuriosa der deutschen Lokomotivgeschichte. Die ersten beiden Lokomotiven, jetzt als 62 001 und 002 bezeichnet, wurden am 15. Juni 1928 von der Deutschen Reichsbahn abgenommen und – nun abermals abweichend vom Verteilungsplan – der RBD Elberfeld (ab 1930 Wuppertal), Bw Lennep zugeteilt. Die restlichen 13 Lokomotiven wurden jedoch – nicht abgenommen!

Das Rätselraten um diesen Vorgang ist bis heute nicht verstummt. Es heißt, Henschel habe diese 13 Maschinen einfach „auf Verdacht" gebaut. Da jedoch der Verteilungsplan vom 30. März 1927 (Az 34.D.4732) 15 Lokomotiven vorsah, müssen auch alle 15 bestellt gewesen sein.

Nein, es handelt sich um vorwiegend finanzielle Gründe, die diesen ungewöhnlichen Schritt der DRG veranlaßt haben. Wider Erwarten verzögerte sich eben aus Geldmangel der Umbau der Hauptstrecken auf 20 Mp Achslast. Wir wissen ja, daß deshalb die bayerische S 3/6 noch einmal nachbestellt und die 03-Lokomotive entworfen wurde. Der ursprünglich vorgesehene Verwendungszweck der Loks entfiel, man erkannte, daß ihrer Bestellung falsche Voraussetzungen zugrunde lagen und zögerte nun, den ohnehin knappen Neubauetat durch Ankauf dieser Lokomotiven weiter zu beschneiden.

So standen also die Lokomotiven 62 003–015 jahrelang auf dem Fabrikhof der Firma Henschel herum, bis sich die DR auf langes Drängen hin (ein anderer Interessent hatte sich in jenen Jahren der allgemeinen Weltwirtschaftskrise nicht gefunden) erweichen ließ, sie in der Zeit zwischen dem 14. Dezember 1931 und dem 25. Juli 1932 einzeln abzunehmen. Auch hierzu brauchte man ein halbes Jahr! Nunmehr wurde die Verteilung abermals neu geregelt. Durch Verfügung vom 20. Juni 1932 kamen an die:

| | |
|---|---|
| RBD Erfurt | 6 Loks (62 010–015, Bw Meiningen) |
| RBD Stettin | 4 Loks (62 006–009, Bw Saßnitz) |
| RBD Wuppertal | 3 Loks (62 003–005, Bw Düsseldorf A). |

Die Maschinen 62 001–002 waren inzwischen ebenfalls zum Bw Düsseldorf Abstellbahnhof überstellt worden. Die 15 Lokomotiven trugen die Fabriknummern Henschel 20 844–858.

Keine Lokgattung der DR ist wohl unter solch ungünstigen Vorzeichen entstanden. Keine ist je so stiefmütterlich behandelt worden, aber bei keiner anderen war auch der Verwendungszweck so fragwürdig wie bei der 62er. Dabei erwiesen sie sich gar nicht einmal als schlecht, die neuen, schweren Tenderlokomotiven. Schauen wir uns zunächst ihre Baumerkmale einmal näher an.

Wir erwähnten, daß die 62er mit der geplanten Personenzuglokomotive der Baureihe 20 völlig identisch war. Dementsprechend hatte man auch den Treibraddurchmesser von der bewährten preußischen P 8 mit 1750 mm abgeleitet. Eine Höchstgeschwindigkeit von 100 km/h hielt man für ausreichend, da der Einsatz der Lok nur vor mäßig schnellen D-Zügen vorgesehen war. Das Betriebsprogramm sah die Beförderung von Schnellzügen von 530 Tonnen Last mit 100 km/h vor, bei 10 Promille Steigung sollten 40 km/h gefahren werden. Schließlich sollten die Lokomotiven eine 25-Promille-Steigung vor einem 240-Mp-Zug noch mit 30 km/h Geschwindigkeit befahren können.

Zufolge der Identität mit der BR 20 ergab sich eine beispielhafte Anwendung der Typisierungsgrundsätze, zumal auch noch viele Teile mit den damals entwickelten Güterzuglokomotiven übereinstimmten. Die Lokomotiven besitzen einen Barrenrahmen von 100 mm Stärke, der weitgehend auf Austauschbarkeit aller daran befestigten Teile berechnet war. Das vordere Drehgestell mit 850 mm Laufraddurchmesser ist mit dem hinteren gleich, beide weisen einen seitlichen Ausschlag von 58 mm auf. Durch Verbindung mit Ausgleichhebeln ergibt sich eine Abstützung auf sechs Punkten. Die erste und dritte Kuppelachse liegen fest, die Treibachse besitzt um 15 mm geschwächte Spurkränze. Die dritte Kuppelachse ist ähnlich wie bei der P 8 zurückverlegt, um eine unbehinderte Unterbringung des Stehkessels zu gewährleisten. Das Triebwerk ist in gleicher Weise typisiert. Zylinder und Achslager entsprechen denen der ersten zehn Loks der BR 44, Drehgestelle, Kreuzköpfe, Treib- und Kuppelstangen entsprechen der BR 01.
Der Langkessel ist zweischüssig ausgebildet, er mißt 1880 mm im Durchmesser. Wie bei den anderen Einheitslokomotiven sind Vorwärmer, Luft- und Speisepumpe in Nischen vorn an der Rauchkammer untergebracht. Das Blasrohr liegt tief, der damals übliche weite Schornstein sollte für Verminderung des Gegendruckes in den Zylindern sorgen. Die breite Feuerbüchse ragt über die Kuppelräder hinaus und entspricht den damaligen Baugrundsätzen.
Auch die Heusinger-Steuerung folgt der Norm. Die Kolbenschieber mit innerer Einströmung weisen 300 mm Durchmesser auf, druckluftgesteuerte Druckausgleicher sind am Schieberkasten

angegossen. Einige Maschinen erhielten jedoch später Karl-Schulz-Schieber. Die Steuerung mit Kuhnscher Schleife ermöglicht eine gleich gute Vor- und Rückwärtsfahrt, weshalb die größte Geschwindigkeit in beiden Richtungen zugelassen werden konnte.
Neu ist die Unterbringung der Vorräte hinter dem Führerhaus. Dadurch war die Reibungslast der Lok von der Zu- und Abnahme der Kohle und des Speisewassers unabhängig. Bei der Größe der Treibräder hätten seitliche Wasserkästen auch zu einer erheblichen Sichtbehinderung für das Lokpersonal geführt. Allerdings war man mit 14 $m^3$ Wasservorrat und 4,3 t Kohle an der Grenze dessen angekommen, was sich hinter dem Führerhaus über dem hinteren Drehgestell unterbringen ließ. Die Vorräte erwiesen sich jedoch vielfach als zu knapp für diese großen Lokomotiven, die zwangsläufig über längere Strecken hinweg eingesetzt wurden. Dort, wo ihr Einsatz sinnvoll gewesen wäre, nämlich auf der Strecke Frankfurt – Wiesbaden, sind sie nie aufgetaucht.

So repräsentiert sich uns in der Dampflokomotive der Baureihe 62 eine in ihren Abmessungen gut abgestimmte, auch architektonisch schön gelungene Maschine, die sich auch leistungsmäßig sehen lassen konnte. Mit den ersten beiden Lokomotiven führte das LVA Grunewald alsbald Versuchsfahrten durch. Es ergaben sich hierbei Leistungen vor dem D-Zug von:
625 Mp bei 100 km/h auf Steigung 0 Promille
435 Mp bei 80 km/h auf Steigung 5 Promille
385 Mp bei 60 km/h auf Steigung 10 Promille
220 Mp bei 30 km/h auf Steigung 25 Promille.
Das waren Ziffern, die befriedigten, ihnen lag eine gemessene Leistung von 1680 PSi zugrunde. Auch die Kohle- und Dampfverbrauchswerte lagen günstiger als die der BR 01, ihr Gesamtwirkungsgrad lag höher als bei den meisten Einheitslokomotiven.
Die 62er waren auch zufolge ihrer günstigen Triebwerksabmessungen im Anzug wesentlich lebendiger als die etwas träge 01. Der Verfasser konnte sich vor dem zweiten Weltkrieg mehrfach von der Leistungsfähigkeit dieser Lokomotiven überzeugen, wenn nämlich in Eisenach der Schnellzug nach Meiningen und

der nach Frankfurt gleichzeitig ausfuhren. Die Strecke nach Meiningen führt alsbald auf einer Rampe zum Thüringer Wald hinauf, während die Frankfurter Strecke dem Flußtal der Hörsel folgt. Trotz der Steigung hat die 62er mit ihrem Schnellzug schon nach wenigen Minuten die 01-Schwester hinter sich gelassen, und es war jedesmal eine Freude, diese kräftigen Tenderlokomotiven die Steigung nach Förtha hinaufdampfen zu sehen.
Die Maschinen erhielten anfangs die üblichen kleinen Windleitbleche. Die 62 001 bekam dann die spätere große Ausführung, einige Loks erhielten zuletzt noch Witte-Bleche, so daß an den 62ern sämtliche Arten von Windleitblechen vertreten waren, übrigens damals als einzige aller Tenderlokomotiven.
Verfolgen wir das Schicksal dieser Maschinen weiter. Wie eingangs erwähnt, wußte man schon bald nach ihrem Bau nichts Rechtes mit ihnen anzufangen. Es waren genügend Tenderlokomotiven der Länderbahnen von ausreichender Leistung vorhanden. So beschränkte sich ihr Einsatzgebiet auf die Strecken Eisenach – Meiningen, Altefähr – Saßnitz auf der Insel Rügen und Düsseldorf – Solingen – Remscheid sowie Düsseldorf – Wuppertal. Auf diesen Strecken verblieben die Maschinen bis zum Jahre 1945.

Ihr Schicksal nach 1945 ist nicht uninteressant. Wir erteilen hierzu unserem Mitarbeiter Oskar Maixner das Wort, der aus eigener Kenntnis der Dinge Aufschluß geben kann:
„In den ersten Nachkriegsjahren standen die Lokomotiven der BR 62 reparaturbedürftig herum. Die wenigen Stücke, die in Westdeutschland verblieben waren, befanden sich im Bw Düsseldorf Abstellbahnhof. Da sie nie sonderlich beliebt waren, schob sie Düsseldorf 1947 zum Bw Braunschweig ab, von wo sie jedoch schon 1948 wieder nach Düsseldorf zurückkehrten. Von der Mitte des Jahres 1949 ab wurden die sieben Loks, 62 001–005, 011, 013 in Dortmund zusammengezogen und hauptsächlich im Ruhr-Schnellverkehr Hamm – Köln und vor kurzen Eilzügen Dortmund – Köln Hbf eingesetzt. Das Bw Dortmund Bbf hatte aber dauernd Anlaß zu Klagen über den außerordentlich schlechten Zustand dieser im Kriege heruntergewirtschafteten Maschinen. Sie wurden von den Personalen durchweg als Schrott bezeichnet.

Für die neueingerichteten Ferien-Expreßzüge nach Süddeutschland und den D-Zugverkehr nach Köln erhielt Dortmund Betriebsbahnhof eine größere Anzahl von stromlinienverkleideten Lokomotiven der BR 03.10. Die 62er wurden überflüssig. Man gab sie mit Freuden ab, da außer ihrem Gesamtzustand auch die geringe Menge an Wasservorrat dauernd zu Beanstandungen führte. Sehr oft mußten sie in Düsseldorf von den Eilzügen abgehen, um für die Weiterfahrt nach Köln noch Wasser hinzuzunehmen. Einige Zeit war man sich nicht schlüssig, bei welchem Bw diese Lokgattung am besten zu verwenden wäre. Damals mußte Krefeld für den Nahschnellverkehr sämtliche T 18 und einige P 8 an Köln Bbf und Deutzerfeld abgeben. Und so verfiel man darauf, die 62er in Krefeld zu verwenden. Am 31. Mai 1951 erschien als erste Lok die 62 002, die seinerzeit einzige mit Witte-Windleitblechen. Bis Mitte Juni trafen die 62 001, 003–005, 011 und 013 in der neuen Heimat ein.
Früher bestand die Regelung für das abgebende Bw, daß es seine Lokomotiven instandgesetzt zu übergeben hatte. Das ist bei den 62ern nicht der Fall gewesen. So erhielt Krefeld als Ersatz für gute T 18 und P 8 gänzlich heruntergekommene Maschinen, die erst notdürftig repariert werden mußten. Hauptausbesserungen führte das AW Jülich durch.
Seit Mitte 1949 gab es schwere Personenzüge Kleve – Krefeld – Köln/Düsseldorf mit Teilung in Krefeld Hbf. Diese Züge umfaßten bis zu 50 Achsen, wenn Vierachser im Zuge standen sogar noch mehr. Meistens hatten die Züge noch einen Post- und zwei Packwagen. Für derartig schwere Züge war die 62er natürlich geeignet, aber bei den schweren Zügen des Berufsverkehrs morgens und abends schob man die Züge mit T 9.3, 64er oder P 8 an. Vor der Abfahrt wurde das Feuer der 62er hochgebracht, oftmals bliesen die Ventile ab. Wenn gerade eine schonungsbedürftige 62er Rangierdienst hatte, schob diese den Zug an, denn die Ausfahrt Richtung Kempen – Kleve führt in eine leichte Steigung. So bot sich das seltene Bild, daß vorn und hinten am Zuge eine 62er dampfte.
Ein weiteres Beispiel für die Schwierigkeiten, die es mit diesen Maschinen gab: Die Lok, die um 18.15 Uhr den schwersten P-Zug

des Tages von Köln nach Krefeld – Kleve (65 km) bewältigte, mußte in der Nacht den D-Zug Amsterdam – Nürnberg zurückführen. Dieser Zug wurde durchweg mit 100 km/h gefahren, was bei acht bis zehn Wagen oft zu Schwierigkeiten führte, da die Vorräte nicht ausreichten. Während des kurzen Haltes in Krefeld Hbf konnte kein Wasser hinzugenommen werden. Mit einem Stoßgebet ging die Mannschaft auf die Weiterreise nach Köln und kam oft genug mit dem letzten Tropfen Wasser dort an.
So glücklich die sonstigen Baumerkmale dieser Loktype erscheinen mögen, die geringe Wassermenge war tatsächlich ihr Hauptmangel. Ihr Anzugsvermögen wurde sehr gelobt. Nur ein Ohne-Halt-Lauf über 65 km hinweg wurde zum Problem.
In den letzten Jahren ihres Einsatzes beim Bw Krefeld erhielten die 62er in der Mitte des Führerhaus-Daches starke Segeltuchgurte mit großen Nieten, weil sich Wasserbehälter und Kohlenkasten verzogen hatten. Für die Krefelder Personale bedeutete das Fahren auf einer 62er zuletzt eine Qual wegen der starken Geräusche im Führerstand.
Kurz ihr weiteres Schicksal: Mitte 1954 liefen die 62er über Köln Hbf hinaus bis Linz am Rhein. Aber schon am 10. Oktober 1954 standen die Loks 62 001, 004, 005 und 011 ausmusterungsreif am Eilgut-Bahnhof Krefeld. Am 1. Dezember 1955 verfügte die ED Köln, daß alle 62er keine Hauptausbesserung mehr erhalten sollten. Im März 1956 standen die 62 002, 003 und 013 noch im Einsatz. Am 1. Juli 1956 war das Schicksal dieser Maschinen besiegelt. Sechs 62er kamen zum Lokfriedhof Hohenbudberg. Nur die 62 003 wurde vom Bw Deutzerfeld als Lehrmodell für die Bundesbahn-Lokführerschule Troisdorf hergerichtet.
Am 6. März 1958 wurden die sechs Hohenbudberger Loks zum AW Mülheim-Speldorf zum Ausbau verschiedener Armaturen übergeführt. Wenige Monate später gingen sie über die Waage einer Schrottfirma in Essen-Katernberg."

Soweit also Oskar Maixner. Werfen wir noch einen Blick auf die bei der mitteldeutschen Reichsbahn nach 1945 verbliebenen acht Lokomotiven. Auch hier suchte man nach einem passenden Verwendungszweck. Nach einem Gastspiel in Altenburg wurden die

Maschinen beim Bw Berlin Ostbahnhof zusammengezogen, um alsbald auf der Strecke Berlin – Frankfurt (Oder), vielfach vor den sogenannten „Sputnik"-Zügen zu verkehren. 1965 kamen alle acht Loks zum Bw Rostock, 1967 dann zum Bw Wittenberge. Mitunter tauchte die eine oder andere Maschine vor Interzonenzügen in Lübeck Hbf auf, ein freudiges Wiedersehen mit einer gern gesehenen Freundin. Neuerdings gingen sie abermals auf Wanderschaft und kamen Ende 1968 zum Bw Frankfurt (Oder). Endstation?
So stellt sich uns mit der Baureihe 62 eine der merkwürdigsten Dampflokgattungen der DR dar. In ihren Abmessungen und ihrer Leistung wohl glücklich, haftete ihr von Anfang an der Makel des Unerwünschtseins an. Auch beim Personal war sie nicht sonderlich beliebt. So ist sie immer das Stiefkind der deutschen Eisenbahnen gewesen. Ihrer Ausmusterung wird auch im Osten niemand eine Träne nachweinen.

Der Gedanke, die 62er weiterzubauen, ist nie aufgetaucht. Auch ihr Umbau und Kupplung mit einem Schlepptender, wie er an sich sinnvoll gewesen wäre, wurde nicht erwogen. Das mag daran liegen, daß die Konzeption der schweren 2'C-Personenzuglokomotive alsbald zugunsten der besser geeigneten mittelschweren 1C1 aufgegeben wurde. Schon wenige Jahre nach dem Entstehen der 62er nahm das Projekt der Baureihe 23 Gestalt an.

*1969*

# Die deutschen Schnellzug-Tenderlokomotiven

Die Überschrift läßt uns stutzen. Gibt es überhaupt so etwas wie Schnellzugtenderlokomotiven? Liegt es nicht im Wesen des Schnellzuges, daß er eben über lange Strecken ohne Halt befördert wird, für die eine Tenderlok aufgrund ihrer geringen Vorräte ausscheidet? Wie verhält es sich ferner mit unseren Personenzugtenderlokomotiven der Baureihen 62 und 78, die doch vielfach Schnellzüge befördert haben, aber als Personenzugtenderloks klassifiziert waren?

Der Leser wird bereits diesen Andeutungen entnehmen, wie umstritten der Begriff im Grunde ist. Die Deutsche Reichsbahn hatte deshalb bei Aufstellen des neuen Nummernplanes von 1925 eine eigene Gruppe „St" nicht vorgesehen, sondern die Reihen 60 bis 79 als „Pt" – Personenzugtenderlokomotiven – klassifiziert. Die erste große Einheitslok dieses Genres tauchte denn auch aufgrund ihres Achsbildes als Reihe 62 auf. Die Baureihe 60 blieb für eine 1C1h2 Pt 35.20 reserviert, Reihe 61 war zunächst freigelassen worden. Erst als der Henschel-Wegmann-Zug mit seiner Stromlinientenderlok aufkam, führte man das Gattungszeichen „St" – Schnellzugtenderlokomotive – ein und wies der Lok die Baureihe 61 zu, durchaus berechtigt bei einer Maschine mit 2300 mm Treibraddurchmesser. Damit war allerdings die Problematik der Aufteilung der Tenderlokomotiven in 4 Gruppen, nämlich St, Pt, Gt und L nicht aus der Welt geschafft. Überschneidungen konnten nicht ausbleiben.

Nun herrscht an Literatur speziell über die Schnellfahrtenderlokomotiven in Stromlinienverkleidung kein Mangel, wir wollen den zum Teil guten Veröffentlichungen an dieser Stelle kein Plagiat anfügen. Das Kapitel dieser imaginären Lokomotivgattung ist jedoch als Ganzes interessant, so daß wir glauben, dem Eisenbahnfreund einen Gesamtüberblick bieten zu sollen.

Erste Schnellzugtendermaschine könnte die von Beyer-Peacock, Manchester im Jahre 1871 an die Rheinische Eisenbahn gelieferte 2Bn2-Tenderlokgattung gewesen sein. Die Loks waren ganz im englischen Stil gebaut und mit 1700 mm Treibraddurchmesser zu höheren Geschwindigkeiten befähigt. Die Kesselleistung war indes relativ schwach, aber das galt als Grundübel aller Lokomotiven jener Zeit.

Offiziell taucht der Begriff „Schnellzugtenderlokomotive" in Deutschland erstmals bei der 1904 von Henschel für die KPEV gebauten 2C2h4v-Tenderlok auf, jedoch mit dem Zusatz „für Gebirgsbahnen" versehen. Ihr Treibraddurchmesser betrug zwar nur 1750 mm, sie war aber vom Betriebsprogramm her tatsächlich für den Schnellzugdienst bestimmt.
Die Pläne für diese Lok datierten aus dem Jahre 1903. Bei der KED Erfurt hatte man Sorgen mit den Gebirgsstrecken im Thüringer Wald. Der Betrieb forderte eine Lok, die in der Lage sein sollte, 200 t auf 10 Promille Steigung mit 75 km/h und in der Ebene mit 90 km/h zu befördern. Es ging dabei im wesentlichen um die Strecken Erfurt – Meiningen (92 km) und Erfurt – Ilmenau. Die Stuttgarter Schnellzüge liefen damals noch nicht über den Umgehungsbogen bei Grimmenthal, sondern mußten in Meiningen Kopf machen, wobei sie von der Lok der Bayerischen Staatsbahn übernommen wurden. In Anbetracht der kurzen Entfernungen glaubte man, sich die Vorzüge der Tenderlok, nämlich die Erhöhung des Reibungsgewichtes durch Belastung mit den Vorräten, zunutze machen zu können.
Die von Henschel gebaute Lok mit der Betr.-Nr. Erfurt 1980 stellte für die damalige Zeit eine außergewöhnliche Leistung dar. Das Äußere unterstreicht deutlich die Vorzüge der Tenderlok, nämlich ihre Möglichkeit, das lästige Drehen am Endbahnhof zu vermeiden. Zu diesem Zweck erhielt sie auch am vorderen Ende einen Führerstand. Derartige Gedanken waren populär, seitdem Thuile in Frankreich eine Lok mit voranlaufendem Führerstand gebaut hatte. Unsere Tenderlok (mit dem späteren Gattungszeichen T 16 alt) zeigt die Handschrift von Obering. Kuhn von der Firma Henschel, der auch Schöpfer der beiden 2B2n4v-Schnellzuglokomotiven Altona 561 und 562 war, von denen die 561 jene bekannte kastenartige Stromschale trug, während alle beide mit vorderem Führerstand ausgerüstet waren. Allerdings mußten die

vorderen Führerstände mit einem zweiten Mann zur Streckenbeobachtung besetzt werden, während der Heizer hinten am gewohnten Platze verblieb.
Jene alte Tenderlok war ein Erfolg und Mißerfolg zugleich. Ihre Abmessungen befähigten sie zu respektablen Leistungen, ihr Rost war der größte ihrer Zeit. Die Lok besaß Rauchrohrüberhitzer (im Jahre 1904!), ihr gut ausgeglichenes Vierzylinder-Verbund-Triebwerk verlieh ihr ausgezeichnete Laufeigenschaften. Bei den Probefahrten zeigte die Lok sich als gut gelungen, sie vermochte Züge von 250 t Gewicht anstandslos über eine 10-Promille-Steigung zu befördern, und die Erfurter Wünsche wären eigentlich alle erfüllt gewesen, wenn es bei der Geschichte nicht einen bösen Haken gegeben hätte. Mit einem Reibungsgewicht von 60 t war die Lok viel zu schwer geraten und konnte nicht eingesetzt werden. 60 t, das entsprach einer Achslast von 20 t, wie sie erst 1925 zugelassen wurde. Damals galten 16 t als höchstzulässige Belastung. So war die erste Schnellzugtenderlok zu einem vorschnellen Ende verurteilt, sie eilte in ihren Leistungen und Abmessungen der Zeit um 20 Jahre voraus.
Die Versuchsfahrten hatten eines bewiesen: Der Gedanke, die Tenderlok im schnellen Reisezugverkehr zu verwenden, besaß durchaus Vorzüge. Wenige Jahre später tauchte eine neue Vertreterin dieser Spezies auf, nämlich die von Garbe stark befürwortete T 10 der KPEV mit der Achsfolge 2'C. Auch sie muß unter die Schnellzugtenderlokomotiven gerechnet werden, denn das Betriebsprogramm sah die Beförderung von derartigen Zügen zwischen benachbarten Kopfbahnhöfen, insbesondere Frankfurt und Wiesbaden, vor. Garbe hatte seine P 8 als Schnellzuglok klassifiziert, das gleiche trifft auf die T 10 zu, deren Triebwerk im wesentlichen mit dem der P 8 übereinstimmt. Ihre größte Geschwindigkeit lag mit 100 km/h im Rahmen der damals für Schnellzüge üblichen Werte. Unverständlich allerdings, daß gerade der Vorzug der Tenderlok, in beiden Richtungen gleich gute Laufeigenschaften zu besitzen, aufgegeben worden war. Die Lokführer trauten dem Frieden nicht, rückwärts mit den hohen Kuppelrädern voran fahren zu sollen und wendeten die Lok jedesmal.

Die T 10 hat sich durchaus bewährt und stand zuletzt bei der Osthannoverschen Eisenbahn noch vor wenigen Jahren in Dienst. Das fehlende hintere Drehgestell gab Veranlassung zum Entwurf der T 18, BR 78, mit ihrer nunmehr symmetrischen Achsfolge 2C2. Bei einem Treibraddurchmesser von 1650 mm Durchmesser kann diese trotz zugelassener 100 km/h größter Geschwindigkeit nicht mehr ins Schnellzuggebiet gerechnet werden, wenn sie auch durchaus in dieser Traktionsart aushilfsweise tätig gewesen ist.

Erst in der Reihe der Einheitslokomotiven erschien als Baureihe 62 wieder eine schnelle Reisezuglok mit 1750 mm Treibraddurchmesser. Sowohl auf der Insel Rügen als auch auf der Werrabahn Eisenach – Meiningen – Lichtenfels stand sie regulär im Schnellzugdienst.

Um 1932 rückte die Frage der Schnellzugtenderlokomotive in ein gänzlich neues Licht. Nachdem der Kruckenbergsche Schienenzeppelin im Jahre 1931 bereits die Blicke der Öffentlichkeit auf die Schiene gezogen hatte, leiteten die ersten Fahrten des Diesel-Schnelltriebwagens „Fliegender Hamburger" eine ganz neue Ära im Schienen-Schnellverkehr ein. Die Dampflokbauer machten sich sofort den Hauptmangel der Triebwagen, ihr begrenztes Platzangebot, zunutze und legten neben Entwürfen für Schnellfahr-Schlepptenderlokomotiven auch solche für leichte, triebwagenähnliche Zugeinheiten vor, die jedoch von Tenderloks gezogen wurden.
So erschien Henschel in Verbindung mit der Kasseler Waggonfabrik Wegmann mit dem Projekt eines leichten Stromlinienzuges, der von einer 2B1-Tenderlok geführt werden sollte, auf dem Plan. Der Verkehr mit den Schnelltriebwagen ließ sich jedoch so gut an, daß die Reichsbahn ein größeres Projekt verlangte, zumal ihre Fachleute glaubten, einen Stromliniendampfzug mit gleicher Wirtschaftlichkeit wie ein Dieselfahrzeug betreiben zu können. Die wirtschaftlichen Autarkiebestrebungen des Dritten Reiches mußten berücksichtigt werden, der heimische Brennstoff Kohle erhielt den Vorzug vor devisenbelastetem importiertem Rohöl.

So entstand der hinreichend bekannte Henschel-Wegmann-Zug, dessen vier kurzgekuppelte Stromlinienwagen von Wegmann, die Lok von Henschel geliefert wurden. Ganz kurz der Vollständigkeit halber einige Details zu jener bekannten 2'C2'h2-Stromlinientenderlok, die dann die Betriebsnummer 61 001 trug.
Als Tenderlok sollte die Maschine in beiden Richtungen gleich gut fahren, denn Drehen am Wendebahnhof sollte entfallen. Deshalb wählte man die 2C2-Achsfolge. Um dem Führer auch bei Rückwärtsfahrt ständige Streckenbeobachtung zu gewährleisten, waren die Armaturen im Führerhaus doppelt vorhanden, die beiden Regler verband ein unter dem Führerhausdach entlangführendes Gestänge, die Verbindung der Steuerungs-Handräder verlief unter dem Führerhausboden. Das traf auch für die später beschaffte Lok 61 002 zu. An sich handelte es sich um eine ganz normale Lok, lediglich der Dampfdruck war auf 20 atü heraufgesetzt. Um der Maschine auch bei großer Geschwindigkeit eine mäßige Hubfolge zu verleihen – für eine Zwillingsmaschine besonders wichtig – hatte man den von der BR 05 her bekannten Treibraddurchmesser von 2300 mm gewählt. Wesentlich ist, daß man die übliche breite Feuerbüchse nicht unterbekam. Die Lok erhielt eine lange, schmale, kupferne Feuerbüchse, deren Hinterwand sehr schräg ausgeführt werden mußte. An sich hätte der Rost länger sein können, zumal das Wagnersche Langkesselprinzip mit 5000 mm Rohrlänge beibehalten wurde. Aber man befand sich wohl auch im Hinblick auf die Räder und die Gewichtsverteilung etwas in der Klemme. Erstmals machte man bei dieser Lok in größerem Umfang von der Schweißung Gebrauch. Wie bei den Schnelltriebwagen hatte man auch den Henschel-Wegmann-Zug mit der Scharfenberg-Kupplung ausgerüstet, die beim Einkuppeln zugleich die Verbindung der Bremsleitung, der Dampfheizung und der zahlreichen elektrischen Kabel nach dem Wagenzug automatisch herstellt. Er dürfte wohl der erste komplette Eisenbahnzug mit automatischer Kupplung in Europa gewesen sein.
Mit Rücksicht auf den bei hohen Geschwindigkeiten erheblichen Luftwiderstand war die Lok stromlinienförmig verkleidet. Die Kopfform an beiden Lokomotivenden paßte sich jener der Wagen

an, so daß sich insgesamt ein harmonisches Bild zwischen Lok und Wagen ergab. Der geschmackvolle Anstrich trug dazu bei, Lok und Wagen zeigten von etwa Pufferhöhe bis zur Fensterbrüstung ein durchgehendes Band in violetter Färbung, darüber bis Fenster-Oberkante goldgelbe Streifen. Dächer und Kesselbekleidung über den Vorratsbehältern waren aluminiumfarbig gestrichen, ebenso die seitlichen die Räder beschirmenden Schürzen, obgleich hier alsbald ein paar Luftlöcher gelassen wurden, um das Triebwerk besser zu kühlen und den Zugang der Verbrennungsluft zum Rost zu erleichtern. Die Achslast mußte auf 18,5 t beschränkt werden. Die Lok war mit Indusi ausgerüstet.
Mit Hilfe der Scharfenberg-Kupplung ging das Umsetzen der Lok am Wendebahnhof recht schnell voran. Gut war auch das Beschleunigungsvermögen des Zuges, dessen Gesamtgewicht 268 t betrug. Unter günstigen Umständen konnte die Lok ihn innerhalb von 6 Minuten auf 160 km/h bringen, er lag damit nur 35 Sekunden über dem Fliegenden Hamburger.
Die Maschine selbst war für eine Geschwindigkeit von 175 km/h zugelassen, doch hat sie diese Geschwindigkeit nicht ausgenützt, da die Strecke Berlin – Dresden, auf welcher der Zug alsbald eingesetzt wurde, nur für 135 km/h zugelassen war.
Auf die Abbremsung des Zuges war im Hinblick auf mögliche hohe Geschwindigkeiten größter Wert gelegt worden. So besaß die Lok eine doppelseitig wirkende Hildebrandt-Knorr-Schnellbremse, während bei den Wagenrädern erstmals Scheibenbremsen zur Anwendung kamen, die sich bisher nur bei Straßenbahnwagen durchgesetzt hatten. Damit gelang es, den Zug bei einer Schnellbremsung noch innerhalb des Vorsignalabstandes von 1000 m bei 160 km/h zum Halten zu bringen.
Der Henschel-Wegmann-Zug erfreute sich beim Publikum rechter Beliebtheit, während man Gleiches von der Lok nicht sagen kann. Es gab mancherlei Ärger, der vielzitierte „rauhe Betrieb" sieht nun einmal anders aus als eine wohlorganisierte Versuchsfahrt. Häufig stellte sich Dampfmangel ein, die Laufruhe der 61 001 ließ bei hohen Geschwindigkeiten zu wünschen übrig, die Vorräte auf der Lok hätten reichlicher sein können, Wasserfassen am Wendebahnhof stellte ein lästiges Ärgernis dar. Es ist immer

das alte Lied: Probefahrten werden mit bester Kohle bei neuer Lok durch besonders geschultes Personal ausgeführt, wobei sich der Erfolg in dieser und jener Richtung noch ein wenig manipulieren läßt. Der normale Betrieb verläuft ganz anders. Da gibt es schlechte Kohle, oder die Rohre sind versetzt, da herrscht Gegenwind und Verspätung muß aufgeholt werden, mit dem Saugzug klappt es nicht und der Rost kriegt zu wenig Luft, eine Stopfbuchse ist undicht, der Kreuzkopf schlägt und was dergleichen Unzuträglichkeiten mehr sind, über die sich der normale Lokführer ärgern muß. Die 61 001 gehörte nicht zu den beliebtesten Maschinen des Bw Dresden Altstadt, jeder versuchte sich vom Dienst auf ihr zu drücken und war glücklich, hatte er wieder eine XVIII H unter den Fingern. Die lief von allein.
Der Henschel-Wegmann-Zug sollte ursprünglich in mit den FDt konkurrierenden Plänen für 150 km/h eingesetzt werden. Das erwies sich als nicht praktikabel, besonders im Hinblick auf die Vorräte. So bot sich als zweckmäßige Verwendung der Einsatz auf der Strecke Berlin – Dresden an, wobei allerdings die Furcht vor Wassermangel zum Alptraum aller Lokführer wurde. Mit Beginn des Sommerfahrplans 1936 verkehrte der Zug zweimal täglich als D 54/55 und D 57/58 zwischen Dresden Hbf und Berlin Anhalter Bahnhof. Bei einer mittleren Fahrgeschwindigkeit von rund 108 km/h betrug die Fahrzeit eine Stunde und 40 Minuten für die 176 km lange Strecke.
Bei Werkstattaufenthalt der Lok 61 001 mußte anfangs eine Lok der Baureihe 01 den Zug übernehmen. Das Bw Dresden Alt hielt zu diesem Zweck die Loks 01 184 und 185 vor.

Um eine zweite Stromlinienlok einsetzen zu können, beschaffte die DR im Jahre 1939 von Henschel eine sehr ähnliche, aber als 2'C3'h3 mit vergrößerten Vorräten ausgeführte Lok. Lauftechnisch hat sie sich besser als ihre Schwester bewährt, wenn auch die Kesselmängel bestehen blieben.
Doch schon nach kurzer Zeit kam der Schnellverkehr ganz zum Erliegen, der Krieg setzte allem ein Ende. Der Henschel-Wegmann-Zug fand als Lazarettzug Verwendung, wurde dann nach dem Kriege wieder aufgearbeitet und ab 1953 als Garnitur für

den F-Zug „Blauer Enzian" in Verbindung mit einer Lok der Reihe V 200 eingesetzt. Man hatte ihn um einen fünften Wagen erweitert. 1963 wurde er endgültig ausgemustert. Die Lok 61 001 erlebte das Kriegsende im AW Braunschweig und tat anschließend Dienst auf untergeordneten Strecken. Ihr Dampfdruck war auf 16 kp/cm² herabgesetzt. Ihr letztes Heimat-Bw war Bielefeld, wo sie am 14. November 1952 ausgemustert und einige Zeit später im AW Braunschweig zerlegt wurde.
Die 61 002 fand sich bei Kriegsschluß in Dresden. Sie versah zunächst Personenzugdienste auf der Elbtalstrecke, ebenfalls mit vermindertem Dampfdruck, wurde dann aber abgestellt und im Jahre 1961 zu einer Schlepptenderlok umgebaut. Unter der Nummer 18 201 ist sie allen Eisenbahnfreunden inzwischen zum Begriff geworden.

Es ist später die Frage aufgetaucht, inwieweit das Prinzip des Henschel-Wegmann-Zuges überhaupt entwicklungsfähig gewesen wäre. Die Meinungen sind geteilt. Die erwähnten Schwierigkeiten mit den Tenderlokomotiven deuten darauf hin, daß man früher oder später nach anderen Lösungen gesucht haben würde. Wie solche ausgesehen haben könnten, zeigt der Entwurf von Dr. Ewald für Henschel: Einzelachsantrieb, Kohlenstaubfeuerung und Kondensationseinrichtung waren Mittel, neue Wege zu weisen. Sie machen aber auch deutlich, wie in jenen Jahren die konventionelle Dampfloktechnik am Scheidewege stand und welcher Tricks es bedurfte, wollte man den schlechten Wirkungsgrad des Stephenson-Kessels umgehen.
Sinnvoller als die Henschel-Wegmann-Lösung waren die Überlegungen, die Baurat Mauck von der privaten Lübeck-Büchener Eisenbahn in den Jahren 1934/35 anstellte. Kernstück dieser Bahn (sie wurde am 1. Januar 1938 von der DR übernommen) bildete die Strecke Hamburg Hbf – Lübeck – Travemünde, also die bekannte Bäder- und Ausflugsroute. Der Betrieb verlief dort etwas schwerfällig mit älteren dreizylindrigen S 10-Lokomotiven ähnlich der preußischen S 10.2. Auf dieser nur 84 km langen Hauptstrecke bot sich der Einsatz einer schnellen Tenderlok durchaus an. Das um so mehr, als mit dem Bau der Autobahn

Hamburg – Lübeck der Bahn ein sehr ernstzunehmender Konkurrent erwuchs, der sie zu hartem Wettbewerb zwang. Mauck ließ bei Henschel zwei kleine 1'B1'h2-Tenderlokomotiven mit 1980 mm Treibraddurchmesser entwerfen und bauen, die einen regulären Pendelzugverkehr in Gang bringen sollten.

Bahnbrechend ist aber mehr noch als die Loktype die dazugehörige Doppelstock-Gliedereinheit geworden, die aus 2 zweistöckigen Personenwagen bestand, welche auf zweiachsigen Drehgestellen ruhten, von denen das mittelste beide Wagenenden trug. Diese Anordnung bot tatsächlich wesentliche Vorzüge, wie größeres Platzangebot bei nur gering erhöhtem Wagengewicht. Die gleiche Anzahl Fahrgäste ließ sich praktisch mit dem halben Zuggewicht befördern. Bei der mitteldeutschen Reichsbahn hat man nach dem Kriege die hier entwickelten Gedanken des Doppelstockwagens mit Begeisterung aufgegriffen und tatsächlich beachtliche Erfolge erzielt.

Es war schon eine Leistung, was die Lübeck-Büchener Eisenbahn damals auf die Schienen stellte. Abgesehen davon, daß es mit diesen kleinen Einheiten möglich war, die 84 km zwischen Hamburg und Travemünde in einer Stunde (zwei Minuten Halt in Lübeck Hbf inbegriffen) zurückzulegen, kam hier auch erstmals das Wendezugsystem zur praktischen Bewährung. Die kleine 1B1-Lok mit ihrer Höchstgeschwindigkeit von 120 km/h blieb nämlich vor dem Zuge, sie zog ihn nach der einen und schob ihn nach der anderen Richtung. Zu diesem Zweck befand sich ein zweiter Führerstand am Ende des Wagens, von wo aus der Lokführer die Lok durch den auf elektrischem Wege gesteuerten Dampfregler in Bewegung setzte. Mit dem auf der Lok verbliebenen Heizer gab es eine Fernsprechverbindung. Ähnlich spielte sich ja auch der Wendezugbetrieb mit Dampflokomotiven bei der DB während der letzten Jahre ab.

Wegen des dunkelgrauen Anstrichs von Lok und Zug und wegen ihrer Kleinheit und Flinkheit erhielt die Lokomotive den Scherznamen „Mickymaus" nach jener damals populären Walt-Disney-Figur. Am 7. April 1936 fand die erste öffentliche Fahrt des neuen Zuges statt, mit Beginn des Sommerfahrplans wurde er in den regulären Dienst eingestellt. Zunächst standen nur zwei Loks

und zwei Züge zur Verfügung, 1937 wurde eine dritte, etwas verstärkte Lok dem Betrieb übergeben, so daß mit ihr auch zwei Doppelstockeinheiten befördert werden konnten. Die Leistung einer der beiden ersten Loks betrug etwa 650 PS.
Die „Mickymäuse“ haben sich recht gut bewährt. Nach Übernahme durch die DR wurden sie 1938 in 60 001–003 umgezeichnet, die damit wieder besetzte BR 60 (die anfangs vorgesehene 1C1-Tenderlok war nicht gebaut worden) rückte ebenfalls zur Schnellzugtenderlok auf.
Die 60 001 und 002 trugen das Gattungszeichen St 24.18, die etwas schwerere 60 003 St 24.19. Nach dem Kriege kam der Schnellverkehr nicht mehr im Vorkriegsumfang auf. Die Doppeldeckwagen wurden in normale Züge eingestellt, man konnte die seltsamsten Kombinationen mit anderen Fahrzeugen erblicken. Für die kleinen Maschinen fand sich kein geeignetes Betätigungsfeld. Die 60 001 mußte bereits 1942 ausscheiden, 60 002 hatte das Schicksal in den Osten verschlagen, sie tat noch bis 1956 Dienst im Berliner Nahverkehr, stand dann lange herum und wurde erst 1967 ausgemustert. Nach Obermayer soll auch die 60 003 bis 1954 in Stralsund Dienst verrichtet haben.
Die ganze Geschichte erwies sich für die Lübeck-Büchener Eisenbahn als sehr werbewirksam, so daß auch im Vorortverkehr nach Ahrensburg Doppelstockeinheiten eingesetzt wurden. Diesen besorgten damals 1'Ch2-Tenderlokomotiven der preußischen T 12-Bauart. Um hier nun dem Fahrgast optisch etwas Besonderes zu bieten, versah man diese T 12 mit einer Stromlinienverkleidung, so daß sie für den Laien schwer von einer echten „Mickymaus“ zu unterscheiden waren. Auf diese Weise hat die deutsche Eisenbahngeschichte also noch eine weitere Gattung „Schnellzugtenderlokomotiven“ erhalten. Ihre größte Geschwindigkeit blieb zwar auf 80 km/h begrenzt, die Stromschale besaß praktisch gar keine wirtschaftliche Bedeutung. Es käme jedoch einem Bahnfrevel gleich, wollte man diese Beförderung der T 12 zur Stromlinien-Tenderlok ignorieren und nicht gebührend würdigen. Reihen wir sie also der Kuriosität halber in unsere Sammlung ein und stellen dazu fest, einer einfallslosen Staatsbahn freilich wäre ein solcher Werbegag nie in den Sinn gekommen.

Beinahe hätte es noch eine weitere Schnellzugtenderlok gegeben, allerdings nur beinahe. Denn der Krieg setzte dem Umbau der Lübeck-Büchener G 6 Nr. 71 in eine 1'Co2'h6 Dampfmotorlok ein vorzeitiges Ende. Die Maschine sollte die Nummer 77 1001 erhalten.
Nach dem Kriege hat es nicht an Vorschlägen gefehlt, das Problem erneut anzugehen. Doch stand in den ersten Jahren der Schnellverkehr aufgrund des schlechten Zustandes von Oberbau und Rollmaterial nicht zur Debatte. Als es mit den deutschen Bahnen wieder aufwärts ging, da waren bereits Elektro- und Diesellok zur Stelle. Der Schienenbus entwickelte ein ganz neues System von „Fahrkomfort", man entdeckte den elektrischen Speichertriebwagen neu. Besonderer Erwähnung bedarf noch die Baureihe 66 aus dem DB-Neubauprogramm, 1955/56 entstanden, die zwar als Pt klassifiziert war, aber ohne weiteres im Schnellzugdienst laufen konnte.
Wir erinnern an ihren Einsatz auf der Strecke Gießen – Frankfurt (Main). Sie war wohl die gelungenste aller deutschen Tenderlokomotiven überhaupt und schließt in sehr befriedigender Weise unser Kapitel von den Schnellzugtenderlokomotiven ab. Bei nur 1600 mm Treibraddurchmesser war sie für eine Höchstgeschwindigkeit von 100 km/h zugelassen.

Die Zeiten haben sich längst gewandelt, der Bedarf an kurzen Dampfzügen für begrenzten Aktionsradius – auch die kleinen Tenderlokomotiven der Einheitslok-BR 71 gehören letzten Endes hierzu – schwand, als der Dieselmotor auch auf der Schiene seinen Siegeszug angetreten hatte. Die den Projekten zugrunde liegenden Gedanken wären wohl auch mit wirtschaftlichem Erfolg nur nach den Prinzipien der Lübeck-Büchener Eisenbahn zu verwirklichen gewesen. Sofern man nicht überhaupt auf dem Standpunkt steht, daß eine Schnellzugtenderlok aus sich heraus etwas Sinnwidriges sei.
Dennoch wird sich der Eisenbahnfreund gern an sie erinnern, sowohl an die echten der Baureihen 60 und 61, als auch an das, was wir sonst noch in diese Spezies eingeordnet haben, und sei es selbst die angeberische Stromlinien-Lokomotive T 12. *1971*

# Der Dampfloksonderling von 1953

Wer heute in den bequemen Polstersessel seines ICE versunken durch die Lande eilt, der mag wohl manchmal zurückdenken – sofern er nicht eben in den Wirtschaftsteil der Zeitung vertieft ist oder einen Brief an die verehrte Kundschaft diktiert – an jene Tage, als auf der gleichen Strecke noch der TEE oder, sozusagen in grauer Vorzeit, der FD-Zug das schnellste Beförderungsmittel darstellen. Doch man muß wohl schon der älteren Generation angehören, um sich an alle Höhen und Tiefen der Entwicklung des Schienenverkehrs der letzten vierzig Jahre zu erinnern. Vieles, was einstens unter großen Hoffnungen begonnen wurde, ist vergessen oder hat sich letztlich als Irrweg erwiesen. Zu Beginn der fünfziger Jahre stand die Dampflok noch ganz im Mittelpunkt. Neubauten weckten Interesse, moderne D-Zugwagen wurden erprobt, die Kriegsschäden auf den Hauptstrecken galten weitgehend als beseitigt, so daß wieder schnelle Züge eingeführt werden konnten. Hier änderte sich allerdings die Richtung. An die Stelle des West-Ost bzw. Ost-West-Verkehrs des alten Reiches trat nun die Nord-Süd bzw. Süd-Nord-Achse in den Vordergrund. Probte man in der Bundesrepublik den Zuglauf Hamburg – München, so geschah gleiches in der DDR zwischen Saßnitz im Norden und Dresden im Süden. Die Elektrifizierung verschlang viel Geld und vollzog sich nicht von heute auf morgen; es ging darum, mit den vorhandenen Mitteln den Reiseverkehr zu beschleunigen und das Vorkriegsniveau wieder zu erreichen.

Das rief die Dampflokingenieure auf den Plan. Es wäre ja gelacht – so meinte man -, wenn es nicht gelänge, aus der alten Dampflok noch Reserven herauszuholen. Es soll hier nicht die Rede von den Versuchen sein, die Wirtschaftlichkeit und die Zugleistung zu heben. Mischvorwärmer, Franco-Crosti-Abhitzekessel, Giesl-Ejektor, Verbrennungskammern, Ölfeuerung sind Begriffe, die den meisten Eisenbahnfreunden auch heute noch bekannt sein werden. Ein anderes ist jedoch in Vergessenheit geraten, weil es von der Entwicklung – sprich elektrische und Dieseltraktion – überrollt wurd: die Langlauf-Versuche mit Dampflokomotiven der frühen fünfziger Jahre bei beiden deutschen Bahnen. Da erregte in den ersten Maitagen des Jahres 1951 die Lok 18 451 in der Fachwelt großes Aufsehen, als sie die 820 km lange Strecke von Hamburg-Altona nach München ohne Ausschlacken des Rostes mit einem Probezug durchfuhr. Die gleiche Leistung vollbrachte die Lok 18 323. In beiden Fällen mußten lediglich die Vorräte ergänzt werden. Andere Langstreckenfahrten folgten, eine sogar von Hamburg bis Freilassing in Bayern. Es zeigte sich, daß derartige Läufe durchaus mit hierfür besonders geeigneten Lokomotivbauarten machbar seien, daß aber das Gros der Dampflokflotte bei maximal 500 km seine Leistungsgrenze erreichte.

Parallele Versuche fanden in der DDR statt. Dort hatte man sich der Kohlenstaubfeuerung besonnen, da Steinkohle im Lande knapp war und importiert werden mußte. Die Braunkohlenfeuerung brachte enorme Schwierigkeiten durch geringen Heizwert und riesigen Ascheanfall mit sich. Mit Braunkohlenstaub hatte man bereits 1928 Erfolge erzielt. Nunmehr vereinfachte der Ingenieur Hans Wendler die Bauart derart, daß die mechanische Staubförderung durch Druckluft ersetzt werden konnte, welche den Staub über einfache Gummischläuche in den Brennraum drückte. Während der Fahrt übernahm dann die Saugzuganlage der Lokomotive das Ansaugen des Staubes. Die Erfolge mit dieser „Bauart Wendler“ sind den Eisenbahnfreunden in den neuen Bundesländern vermutlich noch bekannt, hat sich doch die Kohlenstaubfeuerung besonders bei den schweren Güterzuglokomotiven über Jahrzehnte gehalten.

Die langen, schmalen Feuerbüchsen der bei der DB bereits 1949 ausgemusterten, bei der DR aber noch vorhandenen Lokomotiven der Baureihe 17.10 erwiesen sich für Kohlenstaubfeuerung als besonders gut geeignet, ließ sich doch der Feuerbausch nahezu verlustlos für die Wärmeerzeugung nutzen. Hier soll nun an ein Fahrzeug erinnert werden, das einmalig in Deutschland geblieben ist und vor fast vierzig Jahren die Gemüter erregte, sofern man in jenen noch immer durch mancherlei Mängel bestimmten Tagen überhaupt Notiz davon nahm.

Der Lokomotivbestand der Deutschen Reichsbahn in der DDR enthielt die während des Zweiten Weltkriegs von den elsässischen

Bahnen annektierte Lok AL 1104, von der gleichen Bauart wie die deutsche 17.10. Ihre Nummer wurde kurzerhand beibehalten, da die „echte" 17 1104 ausgemustert war. Die Maschine wurde 1953 generalüberholt, erhielt einen neuen Kessel und neue Innenzylinder. Das Ausbesserungswerk Meiningen baute sie zusätzlich auf Kohlenstaubfeuerung um. Doch damit nicht genug, die guten Laufeigenschaften und der vorzügliche Kessel der Lokomotiven der Baureihe 17.10 waren hinlänglich bekannt. So rüstete man die Lok mit einem sogenannten Kohlenstaub-Langlauftender aus. Das waren zwei kurzgekuppelte Drehgestelltender, die ihr zusätzlich zu ihrem eigenen Tender beigegeben wurden. Die gemeinsame Umkleidung verschaffte der Lokomotive ein recht ungewöhnliches Aussehen. Die Seitenwand des zweiten Wagenteils zierte ein großes Fabrikschild mit der Aufschrift „Kohlenstaub-Schnellzuglok für Langstrecken erbaut 1954 im RAW Meiningen". Der eigene Lokomotivtender besaß nur einen kleinen Behälter für 4 t Kohlenstaub. Die Zusatzwagen teilte man in jeweils vier Bunker zur Staubaufnahme ein. Insgesamt verfügte das Fahrzeug über einen Vorrat von 42 Kubikmeter Wasser, das teils über den Wasserkran, teils über Hydranten eingefüllt werden konnte. In der Mitte dieses Langlauftenders befanden sich zwei Aufenthaltsräume mit Bänken für eine zweite Lokomotivmannschaft, die gleichzeitig als Schlafgelegenheit benutzt werden konnten.
Mit diesem einmaligen Fahrzeug ließen sich tatsächlich Rekordleistungen vollbringen. Unvergeßlich bleibt jene Fahrt, die am 16. und 17. September 1953 stattgefunden haben soll. Die Maschine brachte einen D-Zug von 400 t Gewicht die Strecke von Saßnitz auf Rügen bis nach Gutenfürst im Vogtland und zurück – das sind fast 1400 km -, ohne daß ein Betriebswerk angelaufen wurde, die Lok zu entschlacken oder die Rauchkammer zu reinigen. Während dieser Fahrt wurden 143 Kubikmeter Wasser verdampft.
Das ist ein einsamer Rekord einer deutschen Dampflok geblieben. Gewiß wurden später mit den ölgefeuerten Maschinen der Baureihen 01.10 gute Laufleistungen erzielt, jedoch nicht vergleichbar mit der 17 1104 und ihren drei Tendern.
Sie bot schon ein eigentümliches Bild, die Langlauflok. Und mancher Reisende mag wohl Mund und Nase aufgerissen haben, wenn

das Ungetüm angedampft kam. Anläßlich der Leipziger Herbstmesse 1954 konnte man die Maschine besichtigen, sie war zwischen den Messehallen ausgestellt. Und wer Glück hatte, dem stand auch „Kohlenstaub-Wendler" auf dem Führerstand zu einem kleinen Plausch zur Verfügung. Bei dieser Gelegenheit ist unser Foto entstanden. Leider sollten die ersten Ruhmestaten der Lok auch ihre letzten gewesen sein. Alsbald schon stellte sich die Frage: Wo gab es denn Strecken in dem klein gewordenen Land, auf welchen eine derartige Lok mit Gewinn eingesetzt werden konnte? Nun, die Erbauer hatten seinerzeit an den Kurs Eisenach – Erfurt – Dessau – Berlin Stadtbahn – Stralsund gedacht, wo des Sommers über eine Reihe Urlauberzüge verkehrten. In der Praxis erwies sich das Ungetüm jedoch als viel zu schwerfällig. Es hätten an den Endpunkten Gleisdreiecke zum Wenden angelegt werden müssen. Denn das Drehen verlangte vorheriges Abkuppeln der beiden Zusatztender. Mit rund 37 m Länge paßte die Lok auf keine Drehscheibe. So schied das Anlaufen von Kopfbahnhöfen aus. Wie sollte ferner ein Dienstplan für eine einzelne Lokomotive aussehen? Es verwundert uns nicht, wenn alsbald das Interesse an der Maschine erlosch. Bereits 1954 wanderte der Zusatztender auf das Abstellgleis. Die Lok erhielt einen normalen Kohlenstaubtender und kam zum Bw Cottbus, verrichtete dort treu und brav ihren Dienst, bis sie 1962 ausgemustert wurde und den Weg allen alten Eisens ging. Im Nachhinein möchte man die 17 1104 als den etwas naiven Versuch bewerten, vorhandene Mängel im Lokomotivbetrieb durch offenbar minder schwer scheinende Probleme einer anderen Kategorie zu überwinden, ein Zeichen für die damalige bedrückende Hilflosigkeit im anderen Deutschland.

Wenn man vom ICE aus die Entwicklung rückwärts verfolgt, finden auch die Versuche mit Lokomotivlangläufen bei den beiden deutschen Bahnen den Platz in der Eisenbahngeschichte, der ihnen gebührt. Auch wenn sie nicht zum Erfolg geführt haben. Wir gebrauchen heute gern das Modewort legendär für Fahrzeuge aus der Dampfzeit, wobei die Legende bei der Baureihe 01 endet. Wäre diese Bezeichnung für jene alten Langläufer nicht viel eher am Platze? Man sollte darüber nachdenken ... *1993*

# Abschied von der Schiene

## S 3/6 – Nachruf auf eine alte Freundin

Es ist allmählich schon zur Gewohnheit geworden, daß wir die ersten Seiten eines jeden LOK MAGAZIN der allgemeinen Betrachtung widmen, daß wir Umschau in unserer Eisenbahnwelt halten und vielleicht auch einigen besinnlichen Gedanken Raum geben. Wir hatten Gelegenheit, auf manche Neuerung, auf manche sich anbahnende Entwicklung aufmerksam zu machen und so den Blick über das spezielle Interessengebiet hinaus auch auf das große Ganze zu richten.

Die letzten Monate standen ganz unter dem Eindruck großer Ereignisse wie der Eröffnung der sogenannten Vogelfluglinie durch Inbetriebnahme der Brücke über den Fehmarnsund und ferner der Aufnahme des elekrischen Betriebes auf der Nord-Süd-Strecke von Hannover über Bebra nach Fulda und Gemünden. Diese denkwürdigen Vorgänge sind für die künftige Entwicklung unseres Eisenbahnwesens in Deutschland von so entscheidender Bedeutung, daß ihnen mit Recht ein breiter Raum in den Publikationsorganen gewidmet wurde. Die Nachricht, daß bereits im nächsten Jahre die ersten Schnellfahrversuche über 200 km/h auf der Strecke Bamberg – Forchheim aufgenommen werden sollen, gliedert sich zwangsläufig den anderen Meldungen an, die letztlich nur Ergebnisse der Devise „noch moderner, noch schneller" sind. Die Deutsche Bundesbahn kann hier gar nicht anders, als dieser allgemeinen Bewegung, wie sie sich auf allen europäischen Bahnen abspielt, zu folgen, wenn sie überhaupt international konkurrenzfähig bleiben will.

Aus all diesen Maßnahmen sprechen ja bei allen Bahnen nackte Existenzsorgen: Die Wettbewerbsfähigkeit gegenüber dem Kraftverkehr. Und doch ist die ständig im Steigen begriffene Zunahme des Individualverkehrs am allerwenigsten auf ein Versagen der Eisenbahnen zurückzuführen. Nein – und das muß einmal mit aller Deutlichkeit gesagt werden – die teilweise menschenunwürdige Beförderung in den städtischen Nahverkehrsmitteln zwingt die Fahrgäste ja förmlich dazu, zur Selbsthilfe und zur Anschaffung eines eigenen Wagens zu schreiten. Wie muß doch das Reisen in der Postkutsche oder in der Pferdebahn geradezu paradiesisch bequem gewesen sein, gemessen an dem, was ein moderner städtischer Linienomnibus zu bieten hat, mit dem man unter dem Banner des Fortschritts den Fahrgästen eine Beförderung zumutet wie auf einem Fischerkahn bei Windstärke neun!

Doch es geht uns heute nicht um eine Betrachtung des modernen Verkehrs, unter den Fanfarenklängen der modernen Zeit hat sich in aller Stille ein ernsteres Ereignis abgespielt, an dem wir nicht ohne weiteres vorübergehen können. Es ist ein relativ größerer Kreis von Eisenbahnfreunden, der davon beeindruckt wird: Die bayerische S 3/6 hat aufgehört zu bestehen! Am 28. Februar dieses Jahres hat sie letztmalig planmäßig einen Schnellzug auf der Strecke München – Lindau gezogen. Ab 1. März hat die V 200.1 die Traktion der Schnellzüge übernommen. In dem Maße, wie die neuen Diesellokomotiven ihren Dienst antraten, sind die S 3/6 zurückgezogen worden. Zur Zeit verrichten die wenigen Maschinen, die sich noch beim Bw Lindau befinden, Aushilfsdienst. Der Tag rückt heran, an welchem auch sie ihre letzte Fahrt zum Lokfriedhof antreten. Sie folgen damit ihren älteren Schwestern der Baureihen 18.4 und 18.5, die bereits seit Jahren verschwunden sind. Wir erinnern uns, daß die jetzt auszumusternden Maschinen durch Umbau der Bauserie von 1926–30 entstanden sind. Dreißig Stück dieser Serie wurden 1952–56 mit neuen Kesseln ausgerüstet und auf 18.6 umgezeichnet. Von den alten S 3/6 steht nurmehr die 18 505 beim AW Braunschweig für Probefahrten in Dienst.
Gewiß haben die Umbauten durch Ausrüstung mit neuen, im Durchmesser dickeren Kesseln das äußere Bild gegenüber der alten Bauart etwas geändert. Die Maschinen waren gedrungener, fülliger geworden, sie hatten ein wenig von ihrer alten Eleganz eingebüßt. Aber sie waren noch immer echte S 3/6, zumal das Triebwerk unverändert geblieben war.
Über diese Lokomotivgattung ist in den letzten Jahren, besonders nach ihrem 50jährigen Jubiläum im Jahre 1958, so viel

geschrieben worden, daß wir uns ersparen möchten, ihren Lebenslauf zu wiederholen. In zahlreichen Fachblättern kann man nachlesen, was aus berufenem Munde über sie zu sagen war, die Stationen ihres Erdendaseins sind dort bis in alle Einzelheiten festgehalten. Trotz dieser Fülle von Literatur gerade über diese eine Lokomotivgattung glauben wir, ihr einen kleinen Nachruf schuldig zu sein.

S 3/6! – Was birgt allein diese Bezeichnung schon alles in sich! Wir wollen einmal von der übertriebenen Beweihräucherung dieser Lokomotive durch einige fanatische Eisenbahnliebhaber oder auch übereifrige bayerische Patrioten absehen – aber was geht doch mit dieser einen Lokomotivgattung zu Ende! Solange es die S 3/6 gab, so lange blühte noch der alte Dampfbetrieb, wie man ihn von Kindheit an gewöhnt war, mit dem man aufgewachsen und groß geworden war. Die S 3/6 war die markanteste Überlebende der alten Länderbahnschnellzuglokomotiven, sie war gleichzeitig deren schönste Verkörperung, mehr noch, sie wurde zum Symbol und für manchen auch zum Idol des alten Maschinenwesens überhaupt. Ihre weite Streuung über den bayerischen Raum hinaus in ihren späteren Jahren hat zweifellos das ihrige zu dieser großen Popularität beigetragen. In erster Linie ist es aber doch ihr gefälliges Äußeres gewesen, die spitze Rauchkammer, der Caledonian-Schornstein, die markanten großen Niederdruckzylinder mit der Anfahrvorrichtung und den beiden „MG“ unter der Rauchkammer, bei den älteren Ausführungen zusätzlich noch das fremdartig anmutende spitze Windschneidenführerhaus. Neben diesen äußerlichen Besonderheiten verhalf ihr weiterhin ihre gute Leistung, ihre vorzügliche Konstruktion zu allgemeiner Beliebtheit bei der Fachwelt und bei den Eisenbahnfreunden. Man möchte sagen, durch die S 3/6 sind die Konstrukteure des Maffeischen Unternehmens, Anton Hammel und Heinrich Leppla, erst einem größeren Kreis bekannt geworden. Denn es entspricht nicht der deutschen Art, den Lokomotivkonstrukteur besonders herauszustellen. Die meisten Maschinen sind anonym entstanden als das Arbeitsergebnis der entsprechenden Konstruktionsbüros .

In den ersten Jahren nach ihrem Erscheinen 1908 ist es wohl auch noch der schmucke verkehrswerbende Anstrich gewesen, der diese Maschinen vorteilhaft von den Schwestern des nüchterner denkenden preußischen „Auslandes" hat abstechen lassen.
Mit den 18.6er Maschinen scheiden nun die letzten Vertreter dieser berühmten Lokomotivtype aus dem Eisenbahnbetrieb aus. Irgendwie stimmt diese Tatsache den Eisenbahnfreund nachdenklich. Nicht, weil er nun etwa rückschrittlich dächte und sich den Vorzügen moderner Traktionsmittel verschließen möchte, nein, es ist im Grunde etwas anderes: Mit der S 3/6 entschwindet eine andere Welt für immer aus unserem Gesichtskreis.
Die Apostel des Dieselmotors werden jetzt natürlich lächeln und darauf warten, daß der berühmte Vers von der „Romantik" zitiert wird, der jedesmal erklingt, wenn von der „guten, alten Dampflokomotive" die Rede ist. Wir können uns aber des Eindruckes nicht erwehren, als ob das Wort von der „Romantik" immer nur der gebrauchte, der selbst seit Jahren schon nicht mehr mit der Eisenbahn gefahren ist, diese vielmehr nur noch aus der Perspektive der Windschutzscheibe kennt.

Nein, es ist etwas anderes. Die S 3/6 ist nicht nur als letzte Länderbahnschnellzuglokomotive Symbol der großen Dampflokzeit gewesen. Sie war auch die letzte Vierzylinder-Verbund-Lokomotive, die in planmäßigem Einsatz auf deutschen Bahnen stand, nachdem Mitteldeutschland bereits vor einigen Jahren die letzten S 10.1 und XX HV aus dem Plandienst gezogen hatte. Die S 3/6 war sozusagen die letzte Überlebende einer Zeit, die noch auf Mallet zurückgeht, auf die Versuche v. Borries', de Glehns, Garbes usw., sie entstand seinerzeit als Synthese der widerstreitendsten Ansichten über das Verbundverfahren, über seine Kopplung mit dem Heißdampf, über die Zweckmäßigkeit mehrzylindriger Maschinen, über Einachs- oder Zweiachsantrieb.
Dabei hat die S 3/6 die zum Kapitel Fahrkomfort gehörende und nicht ohne weiteres in Geldeswert umrechenbare Überlegenheit der Mehrzylindermaschine eindeutig herausgestellt. Wie genußvoll ruhig und angenehm war doch das Reisen in einem von ihr geführten Zuge, ganz im Gegensatz zu mancher ihrer

zweizylindrigen Schwestern, unter deren Führung die Fahrgäste nicht selten infolge Übertragung der Zuckschwingungen im Takte der Kolbenbewegungen mit den Köpfen wackeln müssen. Der Konzeption dieser Maschinen hatten wir seither nur noch wenig hinzuzufügen, die Dampflokomotive zehrte bis in die heutigen Tage hinein von den Erkenntnissen jener alten Lokomotivbauer vor nunmehr schon sechzig Jahren. Sie war ein Stück Geschichte, ein Stück Tradition, auch ein gut Teil alten deutschen Partikularismus, denn unsere bayerischen Landsleute sind bis heute nicht wenig stolz auf diese Maschinen gewesen. Übrigens wurde sie in Mitteldeutschland, also im preußischen „Ausland", wo sie ja auch einige Zeit stationiert gewesen ist, nur einfach „die Bayrische" genannt, dies aber keinesfalls als Abwertung, nein, es lag immer eine gewisse Hochachtung in dieser Bezeichnung, und unsere bayerischen Eisenbahnfreunde sollten das wenigstens den Preußen einmal zugute halten.

Die S 3/6 ist von den Lokomotiven der früheren bayerischen Staatsbahn wohl diejenige, die am bekanntesten außerhalb der blau-weißen Grenzpfähle wurde, reichte ihr Einsatzgebiet doch von Linz bis nach Osnabrück, von Lindau bis nach Berlin und von Ludwigshafen bis nach Heydebreck in Oberschlesien. Kaum ein Eisenbahnfreund, dem diese Maschinen nicht wenigstens einmal begegnet sind. Den älteren wird noch manchmal der etwas kurze, harte Auspuff beim Anfahren im Ohr tönen, der dann in ein durchaus angenehm klingendes „Hämmern" überging, wenn die Maschine einmal richtig in Fahrt gekommen war.
Wohl besaß die S 3/6 auch einige Mängel, sie sind aber nie stark ins Gewicht gefallen. Die Maschinen erfreuten sich auch beim Personal ständiger Beliebtheit, was durchaus nicht von allen Dampflokomotivgattungen behauptet werden kann. Die Lindauer Maschinenmänner trennen sich nur ungern von ihnen, und wir haben viele Bekenntnisse einer stillen Liebe aus den Mündern ergrauter Strategen vernehmen können. Wir hörten Worte des Bedauerns, daß diese Maschinen, die zum Teil noch gut instand sind, bereits abgestellt werden. Aber es sind nun einmal Gründe der Staatsraison, die den Vorrang vor persönlichen Sympathien haben.

Mit dem Ausscheiden der S 3/6 verbleibt nun nicht mehr allzuviel. Die großen Elektrifizierungsvorhaben lassen auch die Einheitsbauarten mehr und mehr im Werte sinken. Es ist keine Seltenheit, daß 01er bereits vor Güterzügen zu finden sind und von Gelegenheitsarbeiten leben. Mit der Elektrifizierung der Nord-Süd-Strecke ist auch den 01.10ern der Boden entzogen worden, die Zeit der Langläufe ist vorüber, und das Ende auch mancher Einheitslokomotive rückt näher. Die nächsten Jahre bringen zunächst ein großes Sterben unter den preußischen Bauarten – der Bayer wird's mit Vergnügen zur Kenntnis nehmen. Die G 8.1 mit Laufachse, die G 10 und T 14.1 rüsten zur letzten Fahrt, aber auch die Tage der P 8 und P 10 sind gezählt, und in Jahresfrist wird das Bild auf unseren Schienensträngen um einiges ärmer geworden sein.

Nun, es ist der Lauf der Welt, daß das Alte durch Neues, Besseres ersetzt wird. Wer spricht heute noch von der württembergischen Klasse C? Wer denkt heute noch an die preußische S 10.1, die doch zweifellos eine der besten deutschen Dampflokomotiven überhaupt gewesen ist? Aus den Augen, aus den Sinnen. Auch über die S 3/6 wird Gras wachsen, man wird sich ihrer erinnern und sagen: Das waren noch Zeiten, so, wie es unsere Väter von der alten S 3 bereits behauptet haben. Und letztlich ändert sich im Grunde gar nichts, denn unsere Kinder werden ihren Nachfahren einstmals stolz berichten: Ja, damals, als es noch die V 200 gab…! Menschheit und Zeitfolgen bleiben sich im Grunde immer gleich, nur die Erscheinungsformen wechseln. Unser kleiner Nachruf auf eine liebe alte Bekannte soll daher nicht in Grabesklängen enden. Rufen wir vielmehr den neuen Göttern des Schienenstranges zu: Werdet erst einmal fünfzig Jahre alt, dann widmen wir auch euch mit Freuden einen Nachruf! *1963*

# Abschied von der Baureihe 10

Als am Abend des 20. März dieses Jahres die Dampflokomotive 10 001, die den Sonderzug anläßlich der Aufnahme des elektrischen Betriebes von Kassel nach Gießen gebracht hatte (während die E 03 den Gegenzug übernahm), in ihr heimatliches Bw Kassel zurückkehrte, um abgestellt und aus dem Dienst gezogen zu werden, da ging abermals ein Stück deutscher Eisenbahngeschichte zu Ende, und wir sollten dieses Ereignis – allmählich haben wir uns zwar an derartige Abschiedsszenen gewöhnt – nicht ohne Schlußwort vorübergehen lassen.
Die Lokomotive 10 002, einzige Schwester der 10 001, ist bereits seit längerer Zeit abgestellt. Nach letzten uns vorliegenden Meldungen – hoffen wir in diesem Falle einmal, daß sie nicht stimmen – scheint die Ausmusterung beider Maschinen beschlossene Sache. Die DB hat keine Verwendung mehr für sie, zumal ihre Einsatzmöglichkeit auf Grund der hohen Achslast von 22 Mp sowieso beschränkt war. Nach nur zehnjähriger Lebenszeit sind sie damit den Weg so vieler Dampfloks vor ihnen gegangen und dem Strukturwandel zum Opfer gefallen.

Sie waren die letzten Dampflokomotiven, die von der DB neu entwickelt worden sind. 1956 und 1957 verließen sie die Kruppschen Werkshallen und seit dieser Zeit hing ihnen immer ein wenig Glorie an, schon oder wohl überhaupt wegen ihres neuartigen Aussehens, ihrer windschnittigen Verkleidung im Vorderteil, der spitzen Rauchkammertür und der Einbeziehung des Tenders in das Erscheinungsbild. Es gab Eisenbahnfreunde, die weder Mühe noch Kosten gescheut haben, wenigstens eine der beiden Lokomotiven im Bild festzuhalten. Regelmäßig standen auf den Bahnhöfen einige Zuschauer um sie herum, und man mußte sie einfach gesehen haben, wenn man etwas gelten wollte. Als eine Art deutsche „Super-Pazifik" nahm sie einen festen Platz in der Rangliste der beliebten Maschinen ein. Manche Hoffnung verband sich auch mit ihr, und die Nachricht von der Aufgabe ihres Weiterbaus traf uns alle letzten Endes recht schmerzlich.
Es fällt nicht leicht, ihrem Hinscheiden einen angemessenen

Nachruf zu widmen. Deuten wir nur an, daß ihrem Entstehen lange und schwierige Überlegungen vorausgingen, daß sie eigentlich als 1C1 geplant war, sozusagen als verstärkte 23er, daß sie schließlich doch eine 2C1 wurde, ein Kompromiß letzten Endes, ein Zwitterding, wohl den neuen Baugrundsätzen des Bundesbahnzentralamtes entsprechend und doch wieder im alten verharrend, mit einem Schritt im Neuland und einem zweiten Schritt nach rückwärts belastet.

Dabei waren alle Beteiligten ehrlich guten Willens gewesen und mit diesen Zeilen ist keinerlei Kritik verbunden. Nach 15 Jahren ist man allemal klüger als vorher. Aber der Abstand zur Vergangenheit – zur Epoche der Kriegslokomotiven – war wohl noch zu gering, oder die Verwurzelung der leitenden Männer der DB in den Vorstellungen des alten Reichsbahnzentralamtes und in der Ära Wagner war noch zu stark, um als überwunden zu gelten. Wir haben hier schon ausführlich über die Leistungen Chapelons und seiner einzigartigen Lokomotiven gesprochen. Mancher Leser wird sich fragen, warum auf den deutschen Eisenbahnen ähnliches nicht möglich war, warum letzten Endes eine 10 statt einer 241 P oder einer 232 U gebaut wurde?
Nun, die französischen Verhältnisse lassen sich nicht auf Deutschland übertragen, die entwicklungsmäßigen, werkstatt- und personalmäßigen Voraussetzungen für den Betrieb mit empfindlichen Hochleistungsmaschinen sind nicht gegeben. Deutschland ist das Land der robusten Gebrauchsmaschine, wie sie sich in vielen tausend Stück bewährt hat, ist das Land der P 8 und der 01. Es ist in diesem Zusammenhang interessant, daß man wie schon vor fünfzig Jahren mit den Grafenstadener Lokomotiven auch mit der bei der DR wieder in Betrieb genommenen ehemaligen Nordbahn 231 E 18, DR-Betriebsnummer 07 1001, nicht recht fertig geworden ist. Abgesehen davon, daß für die Maschine nicht ein einziges Ersatzteil vorhanden war, „lag“ sie uns einfach nicht. Die Geschichte läßt sich eben nicht von heute auf morgen ändern, die alten Reminiszenzen leben im Unterbewußtsein weiter. Als in den dreißiger Jahren eine Lokomotivfabrik an das Reichsbahn-Zentralamt mit dem Entwurf einer deutschen Cha-

pelon-Lokomotive herantrat, da lautete die Antwort, daß es unter der Würde eines deutschen Lokomotivkonstrukteurs sei, französisches Gedankengut zu übernehmen, aus Frankreich sei sowieso noch nie etwas Gutes gekommen. Unter solchen niederschmetternden Argumenten und genialer Beweisführung mußte man bei der Lokomotivfabrik natürlich schleunigst die berühmten kleinen Brötchen backen und den Entwurf verschwinden lassen. Selbstverständlich sind all die neuen Erkenntnisse der Thermodynamik der Dampflokomotive auch von den maßgebenden deutschen Fachleuten verarbeitet worden, aber eben im durch die eigene Tradition vorgezeichneten Rahmen. So wird es verständlich, daß die längst überfällige 1D2 oder 2D1 – bedauerlicherweise, wenn wir an den schönen Henschel-Entwurf von 1950 denken – hinter einer neuen Pazifik zurückstehen mußte, die noch dazu beschränkt einsatzfähig war. Daß sie auch leistungsmäßig enttäuschte, die 01.10 keineswegs übertraf und noch mit mancherlei anderen Mängeln behaftet war, macht uns eben das Anstimmen eines Abschiedsliedes schwer.
Außer der Tatsache, daß die beiden Lokomotiven noch nicht voll abgeschrieben sind und mit einem ansehnlichen Wert zu Buche stehen, sprach vom technischen Standpunkt aus wenig für ihre Erhaltung. Nachdem sie während der zehn Jahre ihres Einsatzes fast ausschließlich auf den Strecken Frankfurt – Bebra und Frankfurt – Gießen – Kassel – Hannover eingesetzt waren und andere Strecken heute kaum noch Bedarf an einer Verstärkung ihres Dampflokbestandes haben, andererseits nicht überall 22 Mp zugelassen sind, war die Aufnahme des elektrischen Betriebes äußerer Anlaß, die Lokomotiven abzustellen. Außer den Eisenbahnfreunden weinen ihnen nur wenig Betriebsmänner eine Träne nach.
Immerhin, eine Ära geht mit ihnen zu Ende. Es waren die letzten Neubauten der deutschen Dampflokomotivgeschichte. Sie boten immerhin einen „new look", es waren Spätlinge einer überholten Epoche, keine Höhepunkte, aber doch Marksteine. Insofern ist es also berechtigt, daß wir anläßlich ihres Ausscheidens noch einmal der großen Leistungen der deutschen Dampflokomotiven, ihrer Erbauer und Betreuer gedenken.

Es wird vielfach die Frage nach der Erhaltung einer dieser Lokomotiven gestellt. Noch ist nicht bekannt, ob die Bundesbahn in dieser Hinsicht Pläne hat und etwa eine Maschine einem Museum überweisen will. Eine derartige Maßnahme ist immer zu begrüßen, und vielleicht ist das Ausscheiden dieser Lokomotiven Anlaß, eine Notiz aufzugreifen, die wir in der in (Ost-)Berlin erscheinenden Zeitschrift „Der Modelleisenbahner" gelesen haben. Dort sind erstmalig die Betriebsnummern der 27 Lokomotiven veröffentlicht, die von der DR für die Nachwelt erhalten bleiben sollen. Diese großzügige, weitblickende und in jeder Hinsicht vorbildliche Maßnahme wird gewiß viele Eisenbahnfreunde interessieren, so daß wir sie ihnen nicht vorenthalten wollen. Der Verfasser, Herr Ing. Kirchhoff, schreibt:
„Als Beitrag der Deutschen Reichsbahn zu einem bisher vernachlässigten Teil der Denkmalpflege hat nun das Ministerium für Verkehrswesen, Hauptverwaltung Maschinenwirtschaft, mit Zustimmung des Ministers für Verkehrswesen, Dr. Erwin Kramer, in der Anordnung vom 10. 12. 1966 die Betriebsnummern von zunächst 27 Lokomotiven der Deutschen Reichsbahn festgelegt, die für Museumszwecke erhalten werden sollen. In der Anordnung ist die pflegliche Behandlung dieser zur Zeit noch auf fünf Reichsbahndirektionen verteilten Lokomotiven geregelt. Im Sinne der international weitverbreiteten Bestrebungen, die Erinnerung an die Dampflokomotive nicht nur durch kalte Museumsstücke, sondern auch durch repräsentative Einsätze wachzuhalten, sieht die Anordnung vor, daß rund die Hälfte dieser Lokomotiven in einem Zustand erhalten bleibt, der solche repräsentativen Einsätze ermöglicht.
Hierzu müssen fünf der bereits abgestellten 13 Lokomotiven noch aufgearbeitet werden, während bei einem Teil der übrigen 14 Loks, die zur Zeit noch im Betrieb sind, vorgesehen ist, sie in ihrem letzten Erhaltungsabschnitt nur soweit auszufahren, wie es ihre noch betriebsfähige Abstellung erfordert. Spätestens 1970 wird es möglich sein, alle 27 Lokomotiven in einem dafür vorgesehenen Lokschuppen der Dresdener Innenstadt zusammenzuführen und ihre weitere Betreuung dem Dresdener Verkehrsmuseum zu übertragen."

Man kann die Eisenbahnfreunde jenseits der Zonengrenze zu diesem Vorhaben nur beglückwünschen. Wenn es dabei bleibt, dann können wir heute schon ohne viel Phantasie behaupten, daß Dresden einmal das Mekka aller Eisenbahnfreunde werden wird. Eine Dampfsonderfahrt im Jahre 1975 mit einem Sonderzug, von den Lokomotiven 18 314 und 03 001 geführt, dürfte ein einmaliges Erlebnis werden, vor allem für die dann jugendlichen Eisenbahnfreunde, die ja kaum noch Gelegenheit haben, eine Dampfmaschine in Aktion kennenzulernen.
Wer weiß, ob man nicht doch überlegen sollte, eine der beiden 10er in Anbetracht ihres geringen Alters betriebsfähig für die Nachwelt zu erhalten. Zweifellos wird es auch 1975 irgendwo bei der Bundesbahn noch eine betriebsfähige 50er geben. Wir wollen also keine Schwarzmalerei betreiben. Auch sollen der Baureihe 10 keine Verdienste angehängt werden, die sie nicht besitzt. Aber, liebe Eisenbahnfreunde, ich glaube, wir sind uns einig: Schön wär's doch, nicht wahr? *1967*

# Sonderlinge: Die Baureihe 25.10

Seit nunmehr über hundert Jahren zieht sich durch den Lokomotivbau wie ein roter Faden das Problem der Gemischtzuglokomotive, der „locomotive mixte". Denn so wesentliche Vorteile das Entstehen der Zuggattungen Anfang der fünfziger Jahre des vorigen Jahrhunderts für den Bahnbetrieb mit sich brachte – denken wir daran, daß damals die Schnellzug- und die Güterlokomotive aufkamen – so viele neue Probleme warf diese Entwicklung auf. Denn das Vorhalten mehrerer Lokomotivgattungen wirkt sich in jedem Falle auf die Wirtschaftlichkeit des Bahnbetriebes aus und erfordert genaueste Planung ihres Einsatzes. Es ist bekannt, mit welcher Gründlichkeit sich die Bahnen heute mit diesem Thema beschäftigen müssen. Insofern kommt die elektrische und Dieseltraktion einer Ideallösung sehr nahe. Denn es ist ja nicht allein die Ablösung der Dampfmaschine im Bahnbetrieb, die das Wesen des sogenannten Strukturwandels ausmacht. Genau so bedeutsam ist der Ersatz der verschiedenen Lokomotivgattungen durch die elektrische oder Diesel-Gemischtzugmaschine. Diese Tatsache, daß es nunmehr gelungen ist, Gemischtzuglokomotiven zu schaffen, ist wahrhaftig genauso revolutionär wie die Ablösung der Dampfmaschine, und für die Wirtschaftlichkeit der Bahnen künftig von entscheidender Bedeutung. Auch beim elektrischen Betrieb können wir beobachten, wie der Betrieb mit vier Gattungen auszukommen vermag. Dabei ist diese Gattungseinteilung auch mehr theoretischer Art, denn die Praxis zeigt, daß oftmals die E 40 – für schweren Güterzugdienst bestimmt – leichte Nahschnellzüge befördert, während die leichte E 41 im schweren Dienst zu finden ist. Der Betriebsmann nimmt die Gattungseinteilung heute noch viel mehr auf die leichte Schulter als der Konstrukteur.

Wie gesagt, hundert Jahre lang plagte sich der Eisenbahnbetrieb erfolglos mit dem Problem der Gemischtzuglokomotive herum. Immer wieder entstanden Versuche, die jedesmal als unbefriedigend aufgegeben wurden. Eine Zeitlang schien es, als entspräche die B1-Lokomotive diesen Wünschen. Viele Bahnen verwandten sie in den sechziger und siebziger Jahren für alle Zwecke. Sie verschwand mit der Erhöhung der Zuggewichte. Kurz darauf tauchte die großrädrige C-Lokomotive auf, die im Ausland eine besondere Rolle gespielt hat. Sie versagte, als die Geschwindigkeiten gesteigert wurden und die Vergrößerung der Kessel und Laufachsen erforderlich machten.

Wir wissen, daß Robert Garbe, der Berliner Lokomotivbau-Dezernent und Vorkämpfer des Heißdampfes, sich sehr um die Gemischtzuglokomotive bemühte, ging es ihm doch bei allen Überlegungen um die Verbesserung der Wirtschaftlichkeit des Maschinenbetriebes. So reichte das Betriebsprogramm der P 6, einer 1'C-Heißdampf-Lokomotive, vom Schnellzug- bis zum Güterzugdienst. Sie erfüllte jedoch die Erwartungen ebensowenig wie die T 8, die zur Universal-Tendermaschine ausersehen war.

Selbst in der anschließend entwickelten preußischen P 8 verfolgte Garbe noch immer ähnliche Gedanken, und diese Lokomotive wird heute noch gern als „Mädchen für alles" bezeichnet. Dieser Name trifft aber auch in erhöhtem Maße für sie zu. Ihre Grenzen liegen im Laufwerk, das allerhöchstens 100 km/h zuläßt, trotz des Treibraddurchmessers von 1750 mm.

Mitte der dreißiger Jahre erschien die 41er, als Einheits-Güterzuglokomotive für den damals als Konkurrenz zum Lastkraftwagen stark im Werden begriffenen Eilgüterdienst entworfen. Mit ihrem Treibraddurchmesser von 1600 mm hat sie sich sehr bewährt, sie ist das, was man eine gute Maschine nennt und wird noch heute vor allen Zuggattungen angetroffen. Und dennoch verraten wir kein Geheimnis: Heute würde man keine 41er mehr bauen. Sie ist weder eine richtige Reisezug- noch eine richtige Güterzugmaschine bei Anerkennung all ihrer sonstigen Vorzüge.

Die Frage des Treibraddurchmessers spielt bei Dampflokomotiven eine wesentliche Rolle. Die Deutsche Reichsbahn hatte sich bei Hauptbahnmaschinen für die Reihung 1400, 1750 und 2000 Millimeter Durchmesser entschieden, zu der später noch die 1600 mm hinzukamen. Das letztere Maß hatte Garbe bereits bei seiner P 6 gewählt, und wir spüren hier deutlich eine Parallele der Gedankengänge, die mit diesem Maße verbunden sind. Übrigens sind die 1600 mm ein alter sächsischer Wert. Dort lagen die Treib-

raddurchmesser bei Personenzügen von jeher zwischen 1550 und 1600 mm und Sachsen ist in Anbetracht seines Geländes bis zum heutigen Tage gut damit gefahren. Trotzdem hat es auch Stimmen gegeben, die für die süddeutsche Reihung 1350, 1650, 1850 und 2100 mm plädiert haben.
Nun, es ist letzten Endes müßig, heute noch hierüber eine Diskussion zu entfachen. Derartige Probleme erschüttern niemanden mehr. Und dennoch sind erst zehn Jahre vergangen, daß man sich über diese Frage noch die Köpfe heiß redete, damals nämlich, als man daran ging, nach dem Ende des zweiten Weltkrieges neue Dampflokomotiven zu entwerfen.

Es ist bekannt, daß die Deutsche Bundesbahn sich mit dem Bau der 23er-Reihe von vornherein für das bei der P 8 bewährte Maß von 1750 mm Treibraddurchmesser entschied. In Mitteldeutschland, bei der Deutschen Reichsbahn, ging man zunächst von anderen Erwägungen aus. Dort waren die Startbedingungen für einen Neuaufbau ungleich schlechter gewesen als im westdeutschen Bereich. Der Lokomotivbestand war willkürlich zerrissen, viele hochwertige Maschinen noch 1945 nach Westen transportiert worden. Hinzu kam der verheerende Mangel an Steinkohle, da die Lager in Sachsen bei weitem den Bedarf nicht decken konnten. Es wundert uns also nicht, daß man zunächst den Gedanken der Gemischtzuglokomotive wieder aufgriff – was lag eigentlich näher – um allen Betriebszweigen zugleich helfen zu können.
Anhand der Erfahrungen mit der 41er, die besonders während des Krieges zum großen Teil im Schnellzugdienst eingesetzt war, wählte man den Treibraddurchmesser von 1600 mm, der bei vierfacher Kupplung ein gutes Beschleunigungsvermögen und immerhin noch eine Höchstgeschwindigkeit von 100 km/h ermöglichte. Man dachte zunächst gar nicht daran, ältere Maschinen der Länderbahnen zu ersetzen, vielmehr den vorhandenen Lokomotivbestand überhaupt zu verstärken.
Im Jahre 1954 erschien also erstmals die nach den aufgezeigten Gedanken entwickelte Versuchsmaschine, vom VEB LEW Hennigsdorf gebaut und zwar als 1'D-Zwillings-Personenzugmaschi-

ne mit der neu eingeführten Betriebsnummer 25 001. Das Treibradmaß von 1600 mm taucht damit wieder im Personenzugdienst als Reihe 25 auf, nachdem die Reihe 24 mit ihren 1500 mm Durchmesser bereits dort eingestuft war. Die alte Reichsbahn hatte ihre anderen Gattungen mit diesem Maß als Güterzuglokomotiven, BR 41 und 45, eingeordnet, ein Beispiel mehr für die Tücken des Nummernplanes.

Zeitgleich mit der 25 001 erschien die 65 1001, eine Tenderlokomotive mit gleichem Triebwerk, aber 1'D2'-Achsfolge, die später in Serie weitergebaut wurde. Die Personenzugmaschine, zu der sich im folgenden Jahre noch eine zweite gesellte, ist jedoch einmalig geblieben. Diesen beiden „Sonderlingen" gilt daher heute unsere Aufmerksamkeit, das um so mehr, als seit dem Bau der G 8.2 das 1'D-Triebwerk nicht mehr verwendet worden war. Der erste Entwurf der Einheitslokomotiven sah zwar eine 1'D mit 1400 mm Treibraddurchmesser als Reihe 41 vor. Er ist aber in der bekannten 1'D1'-Bauform und nach anderen Grundsätzen verwirklicht worden.

Beide Maschinen der Baureihe 25 sind nach neuen Gesichtspunkten entworfen. Beim Triebwerk fällt uns der um 600 mm vergrößerte Achsstand zwischen 1. und 2. Kuppelachse auf. Die Kessel sind nach den auch bei der DB geltenden Baugrundsätzen entworfen. Sie sind vollständig geschweißt und besitzen Mischvorwärmer sowie Heißdampfregler mit Seitenzug. Interessant sind allerdings die Feuerbüchsbauarten, die bei beiden Maschinen mehr oder weniger Versuchscharakter aufweisen. Die 25 001 erhielt eine breite Feuerbüchse mit einer 800 mm langen Verbrennungskammer. Da bei ihr vorwiegend an die Verfeuerung von Braunkohlenbriketts gedacht war, erhielt sie eine automatische Kohlenzuführeinrichtung (Stoker) eingebaut. Andere Wege wurden bei der zweiten Maschine beschritten. Sie erhielt eine lange schmale Feuerbüchse und wurde für Kohlenstaubfeuerung, Bauart Wendler, eingerichtet, bei der die gewählte Feuerbüchsbauweise einen langen Verbrennungsweg und damit vollkommene Verbrennung der feinen Staubteilchen gewährleistete.

Die Rahmen beider Maschinen wurden als Blechrahmen in Schweißbauweise ausgebildet. Nach Angaben der einschlägigen

Literatur sollen sie jedoch noch Mängel aufgewiesen haben, die bei den späteren Neubauten vermieden wurden. Entsprechend den verschiedenartigen Feuerungssystemen erhielt die Maschine 25 001 einen normalen 2'2' T 30, während man der zweiten Lokomotive, der man die Betriebsnummer 25 1001 gegeben hatte, einen Kohlenstaubtender der Bauart 2'2' T 27,5 beistellte.
Grundsätzlich entsprachen die Lokomotiven dem aufgestellten Leistungsprogramm. Die kohlenstaubgefeuerte Maschine zeigte sich aber ihrer Schwester erheblich überlegen. Es stellte sich nämlich heraus, daß Braunkohlenbriketts mit Stoker nur unter Inkaufnahme erheblichen Abriebes verfeuert werden können, wobei die gewählte Bauart sich überhaupt nicht bewährte. Die 25 001 wurde daher im Jahre 1958 ebenfalls auf Kohlenstaubfeuerung umgebaut und gleichzeitig in 25 1002 umgezeichnet.
In dieser Bauform haben beide Maschinen befriedigt. Sie sind beim Bw Arnstadt beheimatet und im Thüringer Raum auf der Strecke Arnstadt – Oberhof – Meiningen eingesetzt und haben sich hier besonders auf der Oberhofer Steilrampe von ihrer besten Seite gezeigt. Die Kessel zeigen sich recht verdampfungsfreudig; der infolge der Kohlenstaubfeuerung raucharme Betrieb macht die Lokomotiven für den 3040 m langen Brandleitetunnel wie geschaffen.
Die mit dem Betrieb dieser Maschinen gewonnenen Erkenntnisse führten dazu, den Gedanken der „locomotive mixte" endgültig aufzugeben. In Serie ging die ein Jahr später entwickelte 1'C1'-Type der Baureihe 23.10, eine ausgesprochene Personenzuglokomotive, von der bis zum Jahre 1961 113 Stück gebaut wurden.
Die Deutsche Reichsbahn hat dann im Jahre 1961 mit Ablieferung der Lokomotive 50 4088 ebenfalls den Dampflokomotivneubau eingestellt. Die beiden 25er haben den Charakter von Sonderlingen angenommen. Jeder Lokomotivliebhaber wird sich schon deshalb an einem Bild dieser Maschinen erfreuen.
Zwar waren die mit ihnen gewonnenen Erkenntnisse wertvoll, ihr Bau mag vielleicht eine entwicklungsgeschichtliche Notwendigkeit gewesen sein. Das Problem der Schaffung einer wirklich befriedigenden Gemischtzug-Dampflokomotive ist, so will es uns jedenfalls scheinen, ein unlösbares. *1963*

# Adieu Schmetterling!

Der Strukturwandel, dem unser Eisenbahnwesen schon seit Jahren unterliegt, bringt es mit sich, daß immer wieder das Wort Abschied in diesen Blättern auftaucht. Abschied von liebgewordenen Dampflokomotiven, deren Abgang – zwar erwartet – immer wieder überrascht, Abschied von Bahnstrecken, deren Betrieb eingestellt wird, Abschied von Fahrzeugen und mancherlei anderen vertrauten Einrichtungen. So ist in den letzten Monaten recht sang- und klanglos ein Requisit verschwunden, das zwar nicht von welthistorischer Bedeutung war, das aber doch eine liebenswerte Eigenart unseres deutschen Eisenbahnwesens verkörperte, dem wir getrost einige Zeilen des Nachrufes widmen können: Durch Verfügung der Hauptverwaltung der Deutschen Bundesbahn sind die noch in Betrieb befindlichen Formsignale der früheren Bayerischen Staatsbahn abgeschafft worden. Vor- und Hauptsignale zum 31. 12. 1964, die Weichenlaternen zum 31. 12. 1965. Sie werden durch solche der Einheitsbauart ersetzt.

Manchem Freund des Eisenbahnwesens wird diese Veränderung gänzlich entgangen sein. Denn es war schon in den letzten Jahren stiller um die bayerischen Signale geworden. Man fand sie eigentlich nur noch an zweitklassigen Strecken. Die Modernisierung der Bahnlinien und die Durcharbeitung des Oberbaus hatten zwangsläufig ihren Ersatz durch Lichtsignale zur Folge. Oder sie mußten dort, wo der Zahn der Zeit an ihnen genagt hatte, den einheitlichen DB-Signalen weichen. Es wundert uns also nicht, wenn mit der genannten DB-Verfügung keine Revolution verbunden war, sondern mehr eine durch den Lauf der Entwicklung zur Rationalisierung anstehende Maßnahme abgeschlossen wurde.
Freilich, manchen unserer traditionsbewußten bundesdeutschen Südstaatler mag es arg getroffen haben und er wird wehmütig künftig den „Schmetterling“ vermissen, wie das Vorsignal gern genannt wurde. „Do siggst's wieder, die Saupreißen, die damischen!“ Hoffen wir, daß dieses geflügelte Wort diesmal nicht er-

klungen ist. Die bayerischen Formsignale waren Einrichtungen, die in Ehren alt geworden sind und sich gegenüber der Einheitsbauart durchaus behaupten konnten. Im Gegenteil, das Vorsignal mit seiner geschickten Faltkonstruktion wies in sehr sinnvoller Weise auf die zu erwartende Stellung des Hauptsignals hin. Verwechslungen waren ausgeschlossen, von weitem ergab sich ein typisches und eindeutiges Signalbild.
Im Gegensatz zu anderen Staaten hat es in Deutschland schon frühzeitig Ordnung im Signalwesen gegeben. Mit dem Hantieren mit allen möglichen Arten von Bällen, Körben, waagerecht und senkrecht stehenden Querbalken und Flügeln der alten Privatbahnen machte die „Signalordnung für die Eisenbahnen Deutschlands vom 4. Januar 1875" ein für allemal Schluß und sorgte für eine einheitliche Regelung bei allen deutschen Bahnen. Das aus dieser Ordnung entwickelte Signalbuch gilt im Prinzip noch heute.

Die Signalordnung regelte die einheitliche Bedeutung aller Signale, sie machte indes keine Vorschriften darüber, inwieweit die Bahnen alle Möglichkeiten ausschöpfen sollten. So kam es, daß nur einzelne Bahnen, darunter auch die Bayerische Staatsbahn, neben der Halt- und Fahrt-Stellung ihres Hauptsignals noch die „Ruhe"-Stellung kannten. Wer die bayerischen Signale gesehen hat, weiß natürlich sofort Bescheid. Die Ruhestellung mit dem senkrecht nach unten zeigenden Flügel war ja eben ihre Besonderheit, mehr noch, ihre Einmaligkeit im heutigen Eisenbahnwesen. Ruhestellung bedeutet in diesem Fall, daß auf dem abgesicherten Gleis weder ein Zug aus- noch einfährt noch bereitsteht, daß also Rangierbewegungen oder Arbeiten vorgenommen werden können. Sinngemäß bedeutete dann der Übergang in die Halt-Stellung: Gleis freimachen, ein Zug ist zu erwarten. War die Rangierlokomotive verschwunden und die Fahrstraße eingestellt, gab das Signal „Freie Fahrt" als logische Konsequenz der bisherigen Vorgänge dem herannahenden Zug die Fahrstraße frei. Da Signale mit allen drei Möglichkeiten nur in Bahnhöfen Bedeutung haben, waren sie durch das Schildchen „Ru" besonders gekennzeichnet.

Zu den Konzessionen, die man nach 1920 der Gruppenverwaltung Bayern der DR machte, gehörte auch der Verbleib der bayerischen Formsignale. Es wäre allerdings ein unvertretbarer finanzieller Aufwand gewesen, hätte man plötzlich die vorhandenen Anlagen auswechseln wollen, zumal dieselben vollkommen betriebssicher waren und genausogut die einheitliche Norm hätten abgeben können. Die Entwicklung der Dinge ließ die Lösung dieses Problems im Verlauf der Jahre ganz von selbst heranreifen. Die Zahl der eckigen Hauptsignale, der „Schmetterlinge" und der Weichenlaternen war so zusammengeschmolzen, daß sich eine besondere Erhaltung nicht mehr lohnte. Sie mußten zwangsläufig der nun einmal für unsere Zeit symbolischen Rationalisierung zum Opfer fallen.
Nun, für diese Maßnahme wird jedermann Verständnis haben, sie war längst fällig. Und doch, nicht nur die Bayern werden dieser liebenswerten Einrichtung eine Träne nachweinen. Auch der Eisenbahnfreund anderen Volksstammes wird feststellen, daß sie eigentlich ganz hübsch war und recht wesentlich zu dem gewissen Etwas des Eisenbahnbetriebes beigetragen hat, daß es nämlich anderswo auch anders war.
Mit der S 3/6-Schnellzuglokomotive ist die letzte markante Vertreterin bayerischen Eisenbahnwesens verschwunden. Mit Fortfall der letzten Signaleinrichtungen erinnert nun kaum noch etwas daran, daß es einmal eine Bayerische Staatsbahn gegeben hat. So wie kaum noch etwas an die anderen deutschen Länderbahnen erinnert. Darin waren wir schon immer auf der Höhe, etwas umzuorganisieren und das Alte radikal abzuschaffen. Diesmal hat's wieder die Bayern betroffen.

Und doch, bei der Niederschrift dieser Zeilen hat der Verfasser an ein Geschehen in seiner Heimatstadt denken müssen. Dort hatte vor Jahrzehnten irgendein historisch interessierter Beamter beim Umbau der Anlagen des Hauptbahnhofs ein kurzes Stück Gleis der alten Thüringer Eisenbahn mit deren historischen Einfahrtssignalen, da es im Hof eines neuen Betriebsgebäudes günstig zu liegen kam, stehen gelassen, um so ein naturgetreues Erinnerungs- und Museumsstück für die Nachwelt lebendig zu erhalten.

Die Herrlichkeit war nur von kurzer Dauer. Die Signale wurden alsbald nicht mehr gepflegt, über die Gleise wuchs Gras. Der Krieg tat ein übriges, daß alles verkam und zerfiel. Niemand fand sich, dieses winzige Stück Altertum zu erhalten und zu pflegen. Inzwischen ist das, was von dem „alten Plunder" noch übrig war, von einer neuen, uninteressierten Generation längst als Schrott abgefahren worden.
Eigentlich ist es ein ganz klein bißchen traurig, daß wir so sind, finden Sie nicht auch? *1966*

# Männer und Maschinen

## Christian Hagans

Schon die älteren unter uns werden sich nur noch von ungefähr seines Namens erinnern, für die Jugend ist er erst recht kein Begriff mehr. Im Zeitalter der Raketen ist der Name Christian Hagans auf den Scherbenhaufen der Geschichte geworfen worden. Wer denkt noch an die alten, schwerfälligen Hebelmaschinen, seine Erfindung, seinen Beitrag zur Geschichte der Lokomotive? Sie sind verschrottet, vergessen. Es war ein Irrweg, sagt der Ingenieur der Gegenwart hochmütig. Sollte mit diesem so schnell dahingeworfenen Satz allein über Wert und Unwert der Leistung eines Mannes der Stab gebrochen werden?

Das Leben des Christian Hagans entbehrt nicht einer gewissen Tragik. Widrige Verhältnisse, wirtschaftliche Sorgen und Kümmernisse und ein für seine Pläne verspäteter Start ließen ihn nicht recht froh werden und zehrten an der Schaffenskraft dieses hochbegabten Mannes. Die Nachwelt ist ihm an Anerkennung manches schuldig geblieben, wie so oft in der Geschichte und ganz besonders in deren Kapitel Technik.

Christian Theodor Hagans ist am 27. September 1829 in Erfurt als Sohn des Schmiedemeisters und Eisenwarenhändlers Christoph Christian Hagans und dessen Ehefrau Anna Sabina, geborene Rahaus, geboren. Die Hagans waren eine alteingesessene und angesehene Schmiedefamilie, die manchen Zunftmeister gestellt hat. Was lag näher, als daß der junge Christian ebenfalls ein solides Handwerk ergreifen und zu einem Schlossermeister in die Lehre gehen sollte. Nebenher besuchte er die Kunstgewerbeschule am Orte. Dort zeigte sich offensichtlich seine zeichnerische Begabung.

Auf Grund dieser Befähigung sowie einer Reihe kleiner handwerklicher Proben, einer kleinen Dampfmaschine, einem kunstvollen Schloß und anderen Stücken, erhielt er ein Stipendium

zum Besuch des königlichen Gewerbeinstitutes in Berlin, der berühmten Beuth'schen Gründung, dem er von 1849 bis 1851 angehörte. Mit großem Eifer widmete sich der junge Techniker den Studien, erhielt bei seinem Ausscheiden die glänzendsten Zeugnisse und trat eine erste Stellung bei Fürchtenicht & Brock in Stettin an, der späteren Vulcanwerft.
Drei Jahre lang hielt es ihn dort, dann finden wir ihn bei Funke & Huck in Hagen, wo er näher mit dem Eisenbahnwesen in Berührung kam, denn die Firma war Lieferant von Eisenbahnbedarf. Hier hatte er auch Gelegenheit, auf Reisen in England, Frankreich und anderen Ländern seine Kenntnisse zu erweitern und für Aufträge seiner Firma Unterlagen zu beschaffen.
Da griff jedoch zum erstenmal das Schicksal in das Leben des jungen Hagans ein. Gerade als mit dem Tode des Teilhabers von Funke im Jahre 1854 an ihn die Frage des Eintrittes in die Geschäftsleitung gestellt wurde, starb auch sein Vater in Erfurt. Christian Hagans schlug das verlockende Angebot aus, kehrte zurück, um zunächst das väterliche Eisenwarengeschäft weiterzuführen.

Im Besitz der Familie befand sich ein kleines Grundstück am Pförtchenturm. Dort errichtete er eine Eisengießerei, die am 1. Juni 1857 den Betrieb aufnahm.
Das junge Unternehmen befaßte sich zunächst entsprechend der landwirtschaftlichen Struktur der Erfurter Umgebung mit dem Bau von landwirtschaftlichen Maschinen, von Mühlenausrüstungen, von Salinenbedarf, Gußartikeln und anderem mehr. Langsam ging es voran. Nach zehn Jahren arbeiteten 160 Leute bei Hagans. Um das Angebot an landwirtschaftlichen Geräten zu erweitern, nahm er im Jahre 1864 die Produktion von Lokomobilen dazu.
Dieser Schritt, spät getan, sollte entscheidend für die weitere Entwicklung des Unternehmens werden. Dennoch war die Ausgangsposition Hagans' für den Bau von Dampfmaschinen ungünstig. In dem rein landwirtschaftlich orientierten Erfurter Gebiet gab es keine Facharbeiter. Hagans mußte sie sich alle erst heranbilden. Diese Schwierigkeit zeigte sich besonders bei dem

Bedarf an Kesselschmieden, die es im erweiterten Thüringer Raum lediglich bei Henschel in Kassel gab.
Allen Hemmnissen zum Trotz gedieh das Lokomobilengeschäft, und im Jahre 1872 ging Hagans daran, einen schon lange gehegten Wunsch zu verwirklichen: Er nahm den Lokomotivbau auf, zunächst in dem Rahmen, den seine beschränkten Werkstättenverhältnisse gestatteten. Seine Fabriknummer 1 war eine kleine B-Tenderlokomotive für 750-mm-Spur, die später von der Sächsischen Staatsbahn erworben wurde und dort als Gattung VII TK in Betrieb stand. Es folgten Bau-, Schmalspur- und Industrielokomotiven, die besonders vom Ausland gern gekauft wurden. Hagans hatte noch aus früheren Zeiten mancherlei Beziehungen dorthin, die ihm jetzt zugute kamen. In den 80er Jahren nahm er den Bau von Trambahnlokomotiven hinzu.
Die Produktion im Hagansschen Werk verschob sich mehr und mehr zugunsten der Lokomotive. Auf 300 Mann war die Belegschaft angewachsen. Entscheidend für das weitere Gedeihen der Firma war aber die Bekanntschaft mit dem Maschinendezernenten der Eisenbahndirektion Erfurt, dem Oberbaurat Lochner. Lochner bewegten zwei Hauptsorgen. Zum einen brauchte er für die schwierigen Streckenführungen der Hauptbahnen seines Bezirkes kräftige Reisezugmaschinen. Die nach seinen Vorschlägen entstandenen sogenannten Erfurter Bauarten der preußischen Lokomotivgattungen S 2 und P 4 sind infolge ihrer Besonderheiten bekannt geworden. In gleicher Weise war Lochner aber auch bestrebt, Hagans zu unterstützen, um so mehr, als dieser von sich aus die Schaffung von geeigneten Berglokomotiven für die krümmungsreichen und stark geneigten Thüringer Bergstrecken in Angriff nahm – das zweite Problem, welches Lochner Sorgen bereitete.
Hagans ging mit Feuereifer an diese Aufgabe, opferte ein Vermögen für Versuche, ja setzte die Existenz seines ganzen Unternehmens aufs Spiel. Doch er hatte Erfolg. Es gelang ihm, eine Lösung zu finden, die günstiger als die Entwürfe anderer Konstrukteure jener Zeit war. Es kam zu einer Reihe Patenten über in der Gleiskrümmung radial einstellbare und miteinander gekuppelte Achsen, deren Charakteristikum die Unterteilung des Triebwerkes in

zwei Gruppen war. Der Antrieb der einen Gruppe erfolgte direkt von den Dampfzylindern aus, der Antrieb der zweiten Achsgruppe jedoch vermittels eines langen Schwinghebels. Dadurch war es möglich, diese zweite Achsgruppe als Drehgestell auszuführen.

Die Versuche mit einer ersten Probelokomotive in Oberschlesien kosteten Jahre mühevoller Kleinarbeit, ehe die Bauart ihre endgültige Gestalt gewann. Dann aber setzte sich die Hebellokomotive rasch durch, nicht nur in Deutschland, sondern gleicherweise im Ausland. Zu ihren überzeugtesten Anhängern gehörte Lochner. Die Preußische Staatsbahn bestellte eine ganze Reihe Hebellokomotiven, von denen 29 Stück als Vierkuppler der Gattung T 13 in den Jahren 1899 bis 1903 und 92 Stück als Fünfkuppler, Gattung T 15, in den Jahren 1897 bis 1905 geliefert wurden. Leider reichten gerade die beengten Erfurter Werksräume für den Bau solch schwerer Einheiten nicht aus – Hagans mußte den Bau von Henschel in Kassel in Lizenz ausführen lassen. Die Lokomotiven haben sich in jahrelangem Dienst bewährt. Allgemein wurde ihre gute Bogenläufigkeit gerühmt. Zwar erhöhte die größere Zahl von Verschleißteilen die Unterhaltungskosten, doch ist dieser Mangel nie so stark ins Gewicht gefallen wie etwa bei der Bauart Klose.

Aber der tüchtige Ingenieur aus Erfurt ruhte nicht. Weitere Erfindungen entstanden, so eine nach ihm benannte Hohlachsbauart als Weiterentwicklung der in Sachsen durch Klien und Lindner eingeführten Form, die auch die Verwendung als Deichselachse ermöglichte. Hagans führte Kugelzapfen an den Kuppelstangen ein. Seine Zahnstange, eine Parallelerfindung zu der von Abt, kam – Tragik des Erfinderschicksals – nur um Tage zu spät. Schließlich hat er sich noch der Dampftheorie angenommen. Eine eigene Überhitzerbauart kam nicht mehr zur Ausführung, da inzwischen die Schmidtsche Konstruktion ihre Bewährungsprobe abgelegt hatte.

Am 26. August 1908 schloß Christian Hagans im Alter von 79 Jahren die Augen für immer. Das Leben hatte von ihm immer nur eines verlangt: Opfer. Der Erfolg in Form irdischer Güter ist ihm weitgehend versagt geblieben. Schon um die Jahrhundertwende, erst recht nach dem Tode seiner Ehefrau Maria, einer Tochter des Borsigschen Obermaschinenmeisters Brandt, zog er sich mehr und mehr aus der Geschäftsleitung zurück, diese seinen drei Söhnen überlassend, deren Ausbildung teils als Ingenieure, teils als Kaufmann ganz auf die Belange des Unternehmens ausgerichtet war. Im Jahre 1903 konnten endlich auch neue Fabrikräume im Norden Erfurts, in Ilversgehofen, bezogen werden. 680 Mann Belegschaft zählte die Firma kurz vor dem ersten Weltkrieg. Im Werk Ilversgehofen war es möglich, auch größere Einheiten für die Preußische Staatsbahn in Auftrag zu nehmen.

Leider hat das Unternehmen seine Selbständigkeit nicht wahren können. Am 1. April 1916 ging es an die Maschinenfabrik R. Wolf in Magdeburg-Buckau über. Aber noch heute steht bei den deutschen Eisenbahnen manche Dampflok der alten preußischen Gattung P 8 in Betrieb, die in ihrem Firmenschild „R. Wolf Aktiengesellschaft Magdeburg-Buckau, Abtlg. Lokomotivfabrik Hagans Erfurt“ an das unter so großen Mühen aufgebaute Unternehmen erinnert.
Hebellokomotiven sind noch bis in die dreißiger Jahre hinein auf Privatbahnen in Betrieb gewesen, eine der letzten lief auf der Halle-Hettstedter Eisenbahn, den alten Eisenbahnern als Sonderling rühmlichst in Erinnerung. Christian Hagans gehört nicht mehr in das industrielle „Heldenzeitalter“. Als er zum Zuge kam, hatten sich schon feste Spielregeln herausgebildet, bestand die Konkurrenz, gab es eine behördliche Bürokratie, bemüht, der freien Initiative die Flügel zu stutzen. Der Boden in Erfurt war zudem für eine Lokomotivbauanstalt relativ ungünstig. Räumliche Beengtheit und finanzielle Sorgen hinderten immer wieder den tüchtigen Ingenieur an der vollen Entfaltung seiner Kräfte. Seine Beliebtheit in Erfurt war sehr groß, nicht zuletzt auf Grund seiner hervorragenden menschlichen Qualitäten und seiner imponierenden Erscheinung. Es galt als besonderer Vorzug, bei Hagans zu arbeiten, und sein Bestehen auf unbedingter Qualität der Produktion hat nicht zuletzt den guten Ruf seines Unternehmens begründet.

Hagans Bedeutung für den Lokomotivbau ist nicht unerheblich. In der Zeit um die Jahrhundertwende, als noch alles im Umbruch war, hat sich sein Schwinghebeltriebwerk als durchaus brauchbar und betriebssicher erwiesen. Erst der Einsatz von Lokomotiven mit seitenverschieblichen Achsen, System Gölsdorf, im Thüringer Gebiet der preußischen Gattungen T 16 und T 20, hat die Hebelmaschinen verdrängt.

Das Werk Ilversgehofen hat im Jahre 1928 den Lokomotivbau endgültig eingestellt. Damals rangen die Lokomotivfabriken um ihre nackte Existenz. Rund 1250 Loks sind aus den Hagans-Werkstätten hervorgegangen. Die letzte Serie bestand aus 14 Lokomotiven für die Deutsche Reichsbahn, Baureihe 64, die Maschinen 64 213 und 64 214 tragen die letzten Fabriknummern 1250 und 1251.

Der Name Hagans bezeichnet heute ein abgeschlossenes Kapitel der deutschen Lokomotivgeschichte. Mögen seine Erfindungen in der Turbulenz der Jahre untergegangen sein, geblieben ist die Erinnerung an einen aufrechten, wagemutigen und menschlich liebenswerten deutschen Ingenieur. *1962*

# Vergessene Eisenbahningenieure

In dem Maße, wie die alte Dampfeisenbahn in die Dämmerung der Geschichte zurücktritt und an Interesse verliert, so verblassen auch die Namen derjenigen, die ihr einst Glanz und Glorie verliehen haben und den Grundstein zu unserem heutigen modernen Eisenbahnwesen legten. Man kennt die Namen schon nicht mehr, es gehört eingehendes Studium der technischen Entwicklung dazu, auf die Leistungen des einen oder anderen zu stoßen.

So sei es erlaubt die Erinnerung an drei unserer alten Eisenbahnpioniere aufzufrischen. Wer sich mit dem Lokomotivwesen der sechziger, siebziger Jahre des vorigen Jahrhunderts befaßt, der wird immer wieder auf die Kirchweger-Abdampfkondensation stoßen, die sich auf alten Fotos besonders charakteristisch bemerkbar macht. Denn dort trägt auch der Lokomotivtender einen Schornstein. Nun, wir wissen, daß Kirchweger nur so viel Abdampf aus den Lokomotivzylindern durch das Blasrohr in den Schornstein strömen ließ, als zur Anfachung des Feuers erforderlich war. Den Rest leitete er vermittels eines langen Rohres in den Wasserbehälter des Tenders, um auf diese Weise vorgewärmtes Kesselspeisewasser zu erhalten. Überschüssiger Dampf konnte aus dem Tenderschornstein entweichen.

Die Einrichtung hat durchaus funktioniert. Es gab zwar hin und wieder Schäden, wenn einige Nieten dem Druckanstieg im Behälterinnern nicht standhielten, aber der Vorteil der Vorwärmung wurde damals allgemein geschätzt, er zahlte sich durch Kohleersparnis aus. Die Einrichtung verschwand allerdings schnell, als der Injektor, die Dampfstrahlpumpe, aufkam, bei welchem sich warmes Wasser schlechter transportieren läßt.

**Heinrich Kirchweger** wurde am 12. Juni 1809 als Sohn eines Zollbeamten in Stettin geboren. Schon bald nach seiner Geburt wurde der Vater nach Kolberg versetzt, der junge Heinrich erhielt dort den ersten Schulunterricht und besuchte die höhere Bürgerschule. Kurz vor Antritt der Uhrmacherlehre wurde der Kolberger Salinen-Maschinenmeister auf ihn aufmerksam, der junge

Kirchweger trat in die dortige Werkstatt ein, wo er sich bald hervortat und für ein Stipendium zum Besuch des damaligen Gewerbe-Instituts in Berlin empfohlen wurde.
Nach Beendigung der Studien finden wir den jungen Ingenieur bei Henschel in Kassel, wo er alsbald mit dem Eisenbahnwesen in Berührung kommt. Die Bekanntschaft mit dem Nationalökonomen Friedrich List läßt ihn Verbindung zum Bau der Eisenbahn Leipzig – Dresden erhalten, die 1838 eröffnet wurde. Schon am 1. März 1838 trat Kirchweger in die Dienste der Bahn, wo er sich im Maschinen- und Werkstattwesen umfassende Kenntnisse aneignete.
Nach kurzer Tätigkeit in gleicher Eigenschaft bei der Sächsisch-Bayerischen Bahn erreichte ihn im Jahre 1843 ein Ruf zwecks Übertritt in den Hannoverschen Staatsbahndienst. Hier findet er sein Hauptwirkungsgebiet, auf dem er sich erstmals durch die erwähnte Kondensationseinrichtung hervorgetan hat.
Zunächst unterstand ihm das gesamte Maschinenwesen. Mit zunehmender Vergrößerung des Bahnnetzes wurden jedoch die Maschinen-Inspektionen Göttingen unter Welkner und Lingen unter Prüsmann (dem älteren) abgetrennt. Kirchweger verblieb der Maschinendienst im Raum Hannover sowie die Verwaltung des Wagenbaus im gesamten Bahngebiet. Während dieser Zeit begegnen wir Kirchweger auch in vielen anderen Funktionen, so als Prüfer für die Studenten des Bauwesens in Hannover, als Gutachter, als Mitglied des Gewerbevereins Hannover, als Mitglied der Jury beim Semmering-Wettbewerb 1852 und schließlich bei der Projektierung der Wasserversorgung von Hannover. Man verlieh ihm sogar das Ehrenbürgerrecht der Stadt Hannover.
Seine Tätigkeit fand nach der Annexion Hannovers durch Preußen im Jahre 1867 ein jähes Ende. Der neue Bahneigner, der preußische Staat, versetzte ihn nach Saarbrücken, wo ihm die Verhältnisse allerdings absolut nicht zusagten. Der geradlinige, kompromißlose Mann reichte seine Pensionierung ein, als diese abgeschlagen wurde, nahm er im Jahre 1869 kurzerhand Abschied ohne Pension.
Dieser Vorgang mag einen interessanten Einblick in den Staatsdienst der damaligen Zeit gewähren, dem offenbar mancherlei

Mängel angehaftet haben müssen. Es ist natürlich schwer, heute diese Dinge zu beurteilen. Tatsache ist, daß mit diesem Abschied auch der Höhepunkt von Kirchwegers Wirken überschritten ist. Er versuchte, in der Lauensteinschen Wagenfabrik in Rothenburgsort Fuß zu fassen. Aber hier kam es zu Mißhelligkeiten. Schon nach neun Monaten ging er nach Kassel, um dort Beschäftigung zu finden. Ohne Erfolg kehrte er nach Hannover zurück, um sich mehr und mehr von der öffentlichen Wirksamkeit zurückzuziehen. Schriftstellerisch war er bis in die letzten Lebensjahre tätig. Am 19. Januar 1899 ist er gestorben.
Es ist immer wieder faszinierend, den Lebensschicksalen der alten Techniker nachzuspüren. Der Anfang ist fast allen gemeinsam, wie viele haben allein das Berliner Gewerbeinstitut, die Gründung Beuths, besucht. Dennoch weist jedes Schicksal seine Besonderheit auf, teils umwelt-, teils charakterbedingt. Im Falle Kirchweger schreibt Prof. Meyer von der TH Berlin unter anderem – und das mag vieles erklären: „K. war ein eigenartiger Charakter, von eminent praktischer Begabung, welche dabei auf das vorgesteckte Ziel, sobald er es für richtig und zweckmäßig erkannt hatte, ohne große Bedenken losging." Die pommersche Abstammung mag nicht wenig zu diesem Charakterbild beigetragen haben.

Mit Hannover ist auch der Name eines anderen alten Eisenbahnpioniers verbunden, dessen Lebensweg, obschon zehn Jahre jünger, sich an mancher Stelle mit dem Kirchwegers gekreuzt haben mag. **August Wöhler** soll aus der Vergessenheit wieder in unser Bewußtsein gerufen werden.
Am 22. Juni 1819 wurde er in Soltau als Sohn eines Lehrers geboren. Auch bei ihm zeigte sich frühzeitig die Neigung zur Technik, die damals – in ihren Anfängen – noch voller Geheimnisse gesteckt haben mag. Der junge Wöhler besuchte die höhere Gewerbeschule zu Hannover. Mit welchen Mühen ein Schulbesuch damals verbunden war, mag daraus hervorgehen, daß er als Inhaber eines Stipendiums verpflichtet war, ab viertem Studienjahr die Hälfte des Tages und später sogar ganztägig am Schraubstock und an der Drehbank zu arbeiten.

Eine erste Beschäftigung erhielt Wöhler beim Bau der Eisenbahn Hannover – Harburg. Von 1840 bis 1843 finden wir ihn als Zeichner bei Borsig in Berlin sowie beim Bau der Berlin-Anhaltischen, der Berlin-Stettiner und der Oberschlesischen Eisenbahn. Zwecks weiterer Ausbildung sandte ihn der hannoversche Staat nach Belgien „zum Studium der Locomotivfahrtechnik". Tatsächlich wurde er im Jahre 1843 als Lokomotivführer in Hannover eingestellt, ein Zeichen, welche Qualifikation man diesem Gewerbe damals noch beimaß.

Im darauffolgenden Jahr wurde er zum Maschinenverwalter bestellt, und hier mag es gewesen sein, wo sich sein Weg mit dem Kirchwegers kreuzte. Das Jahr 1847 brachte in seinem Leben die Wende und führte ihn in kurzer Zeit zu einem ersten beruflichen Höhepunkt. Er verließ den hannoverschen Dienst und wurde Obermaschinenmeister der Niederschlesisch-Märkischen Eisenbahn. Der preußische Staat übernahm bald darauf die Bahn, Wöhler hatte sich trotz seiner Jugend (er zählte ja nur wenig über dreißig Jahre !) so verdient gemacht, daß er endgültig zum Königlichen Obermaschinenmeister berufen wurde und als solcher bis zum Jahre 1869 in Diensten der Bahn stand.

In diese Zeit fallen nun alle die Neuerungen, Erprobungen, Erfindungen, die der Kundige mit dem Namen Wöhler verbindet. Seien es seine Vorschläge für die Verbesserung der Sicherheitsventile an Lokomotiven, seine Versuche über Durchbiegen und Verdrehen von Eisenbahnachsen, ein wegen der damals zahlreichen Achsbrüche sehr aktuelles Thema, oder seine Ermittlungen über die mehrmalige Beanspruchung von Eisen, die letztlich zur Aufstellung des „Wöhlerschen Gesetzes" führten.

Was hat er nicht alles erprobt und versucht! Seine Maschinen zählen noch heute zu den technisch interessantesten Schätzen des Deutschen Museums in München. 1854 entwarf er den Wasserkran mit drehbarem Ausguß ohne Dichtung in der Verbindung zum feststehenden Teil. Seine Versuche über die Reibung zwischen Rad und Schiene gelten heute noch, von ihm stammt die Erkenntnis, daß die Reibung der Ruhe zwischen der Schiene und dem rollenden Rad etwa doppelt so groß ist wie die Reibung der Bewegung beim gleitenden Rad, also daß ein festgebremstes Rad

nur eine halb so starke Bremswirkung wie ein rollendes ausübt. Wöhler gehörte im Jahre 1852 übrigens auch zu jener Kommission, die im Anschluß an das Unglück von Gütersloh die Ursachen der Zugentgleisungen untersuchen mußte. Wie bekannt, entschied man sich damals für die Vergrößerung des Achsstandes bei schnellfahrenden Lokomotiven.
So ist die Zeit Wöhlers bei der Niederschlesisch-Märkischen Eisenbahn wohl die fruchtbarste in seiner Ingenieurtätigkeit geworden. 1869 schied er aus dem Staatsdienst aus, um anschließend für fünf Jahre als Direktor die Norddeutsche Wagenfabrik für Eisenbahnbedarf in Berlin zu leiten. Aber auch während dieser Jahre war er unermüdlich in Ausschüssen und als Gutachter tätig.
Im Jahre 1874 erinnerte sich der Staat abermals dieses verdienstvollen Mannes, ein zweiter Höhepunkt in seinem Leben stand bevor. Er wurde zum Kaiserlichen Eisenbahn-Direktor und Mitglied der Generaldirektion der Eisenbahnen in Elsaß-Lothringen ernannt. Hier hat er wesentlich zum Aufbau des dortigen Eisenbahnnetzes beigetragen, das durch den Krieg schwer gelitten hatte. Seine Untersuchungen ruhten auch hier nicht, aus jener Zeit datieren seine Arbeiten über den Wert der Schlagproben bei der Prüfung von Radreifen und Schienen und anderes mehr.
Nach seinem 70. Geburtstag erbat er schließlich den verdienten Ruhestand, der ihm auch gewährt wurde. Die letzten Jahre verbrachte er in Hannover, wo er am 21. März 1914, fünfundneunzigjährig, die Augen schloß. Welch ein reiches, erfülltes Leben hat August Wöhler geführt, so möchte man sagen, wie viel hat er an theoretischen Grundlagen für unser heutiges Wissen erarbeitet.

Schließlich sei an dieser Stelle eines weiteren Mannes gedacht, über den der Eisenbahnfreund außer dem Namen so gut wie nichts weiß. Dabei fordert schon der Name eine Frage heraus, denn die älteren unter uns erinnern sich, daß man früher der Mallet-Lokomotivbauart den Namen Rimrotts hinzusetzte. Man sprach von der Mallet-Rimrott-Lokomotive. Wer aber war dieser Rimrott?
**Fritz Rimrott** wurde am 20. September 1849 in Aschersleben geboren. Nach Besuch der heimatlichen Realschule legte er die

Reifeprüfung auf der Gewerbeschule in Halberstadt ab, um an der Kgl. Gewerbeakademie in Berlin Maschinenbau zu studieren. Nach Ablegung der zweiten Hauptprüfung, die er mit Auszeichnung bestand, wurde er zum Maschinenmeister ernannt. Alsdann folgen verschiedene Stationen in Diensten der Preußischen Staatsbahn, als erste 1880–1883 die maschinentechnische Abteilung der KED Magdeburg. 1885 wird er Hilfsarbeiter – eine heute ganz anders verstandene Amtsbezeichnung – beim Betriebsamt Hagen. 1887 übernimmt er unter Beförderung zum Eisenbahn-Bauinspektor die Leitung der Hauptwerkstätte Halberstadt. 1904 folgt die Versetzung als Oberbaurat zur KED Berlin, der damals noch – vor Errichtung des Eisenbahn-Zentralamtes – die Beschaffung der Eisenbahnfahrzeuge für den gesamten Staatsbahnbereich oblag. Hier fand Rimrott ein reiches Betätigungsfeld, und an den Arbeiten Garbes jener Zeit hat auch Rimrott nicht geringen Anteil.

Seine oben erwähnte Erfindung der Gelenklokomotive datiert allerdings bereits aus dem Jahre 1879. Er entwarf sie als Prüfungsarbeit für die zweite Staatsprüfung. Es handelte sich um eine C'Cn4-Bauart. Später, nach Aufkommen der Vierzylinder-Verbund-Lokomotive, ließ er sich diesen Entwurf vom Prüfungsamt zurückgeben, arbeitete ihn in eine C'Cn4v-Lok um und stellte ihn in einem öffentlichen Vortrag dem Verein Deutscher Maschinenbau-Ingenieure in Berlin vor.

Mallet war eifriger, er ließ sich seinen eigenen, gleichzeitig aufgestellten Entwurf patentieren und eine kleine Tenderlok für 600 mm Spurweite danach bauen, die 1886 erschien. So kam die Rimrottsche Erfindung erst auf dem Umweg über Mallet und Frankreich zu uns.

Die folgenden Jahre sind die erfolgreichsten im Leben Rimrotts. 1906 wird er Mitglied des technischen Oberprüfamtes, 1907 Präsident der KED Königsberg, aber bereits ein Jahr später beruft man ihn zum Präsidenten der KED Danzig, der er bis zum 1. Dezember 1919 vorgestanden hat.

In dieser Funktion hat er das Eisenbahnwesen Westpreußens maßgeblich mit geprägt, er erfreute sich großer Beliebtheit bei der Bevölkerung Danzigs. Sichtbarer Ausdruck war seine Ernennung

zum Wirklichen Geheimen Oberbaurat und zum Dr.-Ing. e. h. der TH Danzig. In gleicher Weise strahlt sein Wirken als Gutachter und Schriftsteller bis in die Gegenwart hinein. Er war im technischen Ausschuß des Vereins Deutscher Eisenbahnverwaltungen maßgeblicher Mitarbeiter am Werk „Das Eisenbahnwesen der Gegenwart“ und stellvertretender Schriftleiter des „Organ für die Fortschritte des Eisenbahnwesens“.
Am 1. April 1920 trat er in den Ruhestand, aber bereits wenige Tage vor seinem 74. Geburtstag warf ihn eine Krankheit nieder. Er starb am 14. September 1923 in Wernigerode.

So die Lebensläufe dreier heute vergessener Eisenbahningenieure. Vieles ist ihnen gemeinsam, und doch verlief jeder anders. Wohl spielen Gunst und Glück im Leben eines jeden eine wesentliche Rolle. Entscheidend war aber immer das Können, waren die Fähigkeiten, der Fleiß und der Wille nach Leistung. Vielleicht hatte man es damals leichter, durch persönliche Tüchtigkeit zum Ziel zu gelangen, als es im Staatsdienst noch nicht nach dem Parteibuch ging, als es nur eine Ideologie gab – die Liebe zu König und Vaterland?

*1971*

# Gustav Wittfeld

Bei Würdigung der enormen Fortschritte in der maschinentechnischen Entwicklung der Preußischen Staatsbahn um die Jahrhundertwende darf neben v. Borries und Garbe keinesfalls Gustav Wittfeld vergessen werden, ein Mann, der auf Grund seiner zurückhaltenden Wesensart nicht so im Blickfeld der Öffentlichkeit stand wie etwa Garbe, dem aber die deutschen Eisenbahnen Wesentliches zu verdanken haben. Die Vereinsamung, die über den letzten Lebensjahren Wittfelds lag, mag bezeichnend sein, wie unvollkommen wir im Grunde Wert und Bedeutung des Ingenieurs zu würdigen vermögen.

Gustav Wittfeld wurde am 24. Oktober 1855 in Aachen geboren, erhielt dort seine Schulbildung und absolvierte anschließend die noch junge technische Hochschule seiner Vaterstadt. In jene Studienjahre fällt der Zusammenschluß und die Verstaatlichung der großen norddeutschen privaten Eisenbahngesellschaften und die Entstehung des neuen Unternehmens „Preußische Staatsbahn". Diese Vorgänge zusammen mit einem seit Jugend vorhandenen Interesse am Eisenbahnwesen mögen für die Berufswahl bestimmend gewesen sein. Wittfeld trat nach Absolvierung der Hochschule in die Dienste der Staatsbahn und legte den damals üblichen Ausbildungsweg zurück. Wir finden ihn in den folgenden Jahren bei den Direktionen Bromberg, Cassel, Frankfurt/Main, Köln rrh. und Berlin in den verschiedensten Stellen des Maschinendienstes tätig.
Im Jahre 1884 legt er schließlich die zweite Staatsprüfung im Maschinenbaufach ab und wird unter Verleihung der Staatsprämie zum Regierungsbaumeister ernannt. In den Jahren der Ausbildungszeit hatte er sich bereits den Ruf außerordentlicher Tüchtigkeit erworben.
Im Anschluß an die Staatsprüfung arbeitet der junge Regierungsbaumeister als Leiter einer Abteilung der Hauptwagenwerkstatt Dortmund und als Mitarbeiter von Eisenbahndirektor Sürth. Bereits 1892 aber erreicht ihn ein Ruf nach Berlin, wo er dem Eisenbahndirektor Müller als Mitarbeiter zugeteilt wird, der das

Dezernat für die Konstruktion und Beschaffung der Lokomotiven für den gesamten Bereich der Preußischen Staatsbahn bearbeitet. Hier findet Wittfeld nun ein mehr als reiches Betätigungsfeld, dem er seine ganze Kraft widmen kann. Mit besonderer Hingebung arbeitet er an der Verbesserung der Betriebsmittel. Eine seiner Hauptaufgaben ist die Vervollkommnung der Normalien für die Lokomotiven der Preußischen Staatsbahn.
Die Neuordnung der Staatsbahn am 1. April 1895 bringt für Wittfeld insofern eine Veränderung, als er in das Ministerium für öffentliche Arbeiten versetzt, dort aber weiterhin dem zum vortragenden Rat ernannten Geheimen Baurat Müller zur Mitarbeit zugeteilt wird. Auch hier tritt er entscheidend hervor, so bei den Entwürfen zu den ersten beiden Schnellfahrlokomotiven, die im Jahre 1904 fertiggestellt werden, und bei der Konstruktion der neuen Stadtbahnlokomotiven (Gattung T 6). Ganz besonders setzte er sich für die Verwendung des damals in Deutschland noch so gut wie unbekannten Dreizylinder-Verbund-Triebwerkes ein.

In jenen Jahren fand die Elektrotechnik mehr und mehr Eingang in das Eisenbahnwesen. Nicht nur die elektrische Zugförderung war im Kommen, auch Beleuchtung und Signalwesen und viele andere Gebiete waren in der Umstellung auf elektrischen Strom begriffen. Die Staatsbahn errichtete daher ein besonderes Dezernat, das dem zum vortragenden Rat ernannten Geheimen Baurat Wittfeld am 1. August 1904 übertragen wird.
Auf diesem Arbeitsgebiet hat sich nun Wittfeld zu einer Persönlichkeit entfaltet, deren Bedeutung für die Entwicklung des deutschen Eisenbahnwesens nicht hoch genug einzuschätzen ist. Fast alles, was auf dem Gebiet der Elektrotechnik bei der Preußischen Staatsbahn getan worden ist, geht irgendwie auf seine Anregung zurück. Mit seltenem Scharfblick erkannte er als einer von wenigen die besondere Eignung des Einphasen-Wechselstroms für den Betrieb von Hauptbahnen. Gerade diese Entscheidung hat ihm seinerzeit viel Feindschaft in Fachkreisen eingetragen.
Allen Anwürfen zum Trotz richtete er zwecks Entwicklung brauchbarer Bahnmotoren einen Versuchsbetrieb auf der Strecke Niederschöneweide-Johannistal – Spindlersfeld ein. Die Erfolge

dieses Betriebs waren Anlaß, die Elektrifizierung der Hamburger Stadt- und Vorortbahn Blankenese – Ohlsdorf vorzunehmen. Hierauf ging Wittfeld dazu über, großzügige Versuche mit elektrischen Lokomotiven anzustellen, insbesondere auf der Oranienburger Versuchsbahn, wobei er es besonders verstand, mit den leitenden Männern der elektrischen Großfirmen zusammenzuarbeiten.
Übrigens lagen die Schwierigkeiten, die es damals zu überwinden galt, keineswegs nur auf konstruktivem Gebiet. Viel größer war der Widerstand der Heeresverwaltung, und auch die Vertreter des Dampfbetriebs versuchten, der lästigen Konkurrenz alles mögliche am Zeuge zu flicken. Der Generalstab ist bis in die jüngste Gegenwart der schärfste Gegner aller Elektrifizierungsvorhaben gewesen in der Auffassung, daß elektrische Bahnen im Kriegsfalle allzu schnell außer Betrieb zu setzen sind. Es erforderte außerordentliches Geschick, mit diesen gewichtigen Gegnern fertig zu werden.

Wittfelds nächstes Werk war die Einführung eines elektrischen Probebetriebes auf längeren Strecken. Ausgewählt wurde – die Wahl zeigt, wie gründlich man den Problemen zu Leibe rückte – eine Flachlandstrecke, nämlich Dessau – Bitterfeld – Leipzig – Halle und die schwierige Gebirgslinie Hirschberg – Lauban – Königszelt. Hinzu kam die Einrichtung der zur Erzeugung des Bahnstromes erforderlichen Kraftwerke Muldenstein und Mittelsteine. Die Erfahrungen beim Bau des Bahnkraftwerkes Altona konnten erstmalig verwertet werden. Wir können uns heute kaum mehr vorstellen, wie sehr die Planung all dieser Vorhaben damals Neuland gewesen ist.
Auf Wittfeld geht der Bau der ersten elektrischen Großlokomotiven zurück, der preußischen Gattungen ES, EP, EG, die sämtlich wertvolle Erkenntnisse gebracht haben. Die Erfolge des Probebetriebes haben nicht wenig dazu beigetragen, den Wert der elektrischen Zugförderung weit über den preußischen Rahmen hinaus zu beweisen. Sichtbarer Erfolg war der Abschluß des wichtigen Abkommens vom Jahre 1912 zwischen Preußen, Baden und Bayern. Dieses Abkommen setzte für die elektrische Zugförde-

rung 15 000 V und 16 2/3 Hz ein für allemal fest und legte den Grundstein für unser heutiges einheitliches Bahnsystem.
Der Betrieb Dessau – Bitterfeld wurde 1911, Lauban – Königszelt 1913 eröffnet. Bemerkenswert sind Wittfelds Vorschläge für die Elektrifizierung der Berliner Stadtbahn. Nach seiner Anregung wurden einige zweiachsige elektrische Triebgestelle, Gattung EB, gebaut. Der erste Weltkrieg unterbrach allerdings die Weiterentwicklung.

Doch damit nicht genug. Wittfeld sah klar die künftige Entwicklung voraus und setzte sich für einen einfachen und billigen Triebwagen für wenig frequentierte Nebenstrecken ein. Nach seinen Plänen entstand im Jahre 1907 der bekannte, nach ihm benannte Akkumulatorentriebwagen, Gattung AT, dessen spätere Exemplare zum Teil heute noch unter der Gattungsbezeichnung ETA 177 bei den deutschen Eisenbahnen in Betrieb stehen. Die Richtigkeit dieser Gedanken fällt bei kritischer Betrachtung der heutigen Situation besonders deutlich auf.
Frühzeitig erkannte er die Bedeutung der Verwendung geringwertiger Brennstoffe für den Kraftwerksbetrieb und auf seine Veranlassung hin sicherte sich die Preußische Staatsbahn rechtzeitig umfangreiche Braunkohlenvorkommen. Während des ersten Weltkrieges, als Brennstoffe und Öl knapp wurden, wandte sich der nunmehr schon Sechzigjährige noch dem schwierigen Gebiet der Verschwelung und Vergasung der Brennstoffe zu. Auf diesem Umweg ist er auch zur Förderung der Lokomotive gekommen, die mit dem bei der Vergasung zu gewinnenden Treiböl gefahren werden sollte. Ende des ersten Weltkrieges trat Wittfeld in den verdienten Ruhestand. An Ehrungen hat es nicht gefehlt. Die TH Charlottenburg verlieh ihm die Würde eines Dr.-Ing. e.h. Zahlreiche Ehrenämter hatte er bereits seit längerem inne.
Wenige Jahre nur verbrachte er im Ruhestand, dabei in zunehmender Vergessenheit. Seine Körperkräfte ließen sehr nach, in seinem letzten Lebensjahr war er ans Bett gefesselt. Am 24. September 1923 ist er gestorben.
Wittfeld war eine außergewöhnliche Persönlichkeit und der Wert seiner Leistung nimmt, mit je größerem Abstand man sie betrach-

tet, an Bedeutung zu. Wenn man bedenkt, daß praktisch die Grundlagen unseres heutigen elektrischen Bahnsystems in der Hauptsache auf ihn zurückgehen, so bleibt nur Bewunderung für diesen äußerlich unscheinbaren Mann übrig. Erst heute erkennen wir richtig, welches Wagnis es damals bedeutet hat, sich für den Einphasen-Wechselstrom zu entscheiden, heute, wo die Diskussion über die günstigste Bahnstromart immer noch nicht abgeschlossen ist.

Die Geschichte ist nicht immer gerecht mit Wittfeld verfahren. Vielfach sind ihm seine kostspieligen Versuche mit Verbund-Triebwerken bei Dampflokomotiven übelgenommen worden. Dabei wird übersehen, daß gerade er – damals fast allein – die Bedeutung des Drillings vorausgesehen hat. Daß er dann mit den gleichen Schwierigkeiten wie früher bereits Francis Webb zu kämpfen hatte, der Abstimmung von Zylindergröße und Kesselleistung, steht auf einem anderen Blatt. Erst Chapelon in Frankreich gelang es dreißig Jahre später, ein vollkommenes Dreizylinder-Verbund-Triebwerk zu entwickeln.
Unumstritten ist Wittfeld als Bahnbrecher des modernen Eisenbahnbetriebes. Gerade bei Betrachtung der Zugförderungsmittel wird deutlich, in welchem Umfang das Wirken des Dreigestirns Müller, Garbe und Wittfeld bis in die heutige Zeit hinüberstrahlt. Jedenfalls haben wir allen Anlaß, Gustav Wittfeld als den Bahnbrecher der elektrischen Zugförderung und als einen echten Pionier des Eisenbahnwesens in dankbarer Erinnerung zu behalten. *1965*

# Richard Hartmann und der sächsische Lokomotivbau

Beim Werden des deutschen Industriestaates hat Sachsen die bedeutendste Rolle gespielt. Mittelpunkt der sächsischen Industrie war zu Beginn des vorigen Jahrhunderts die Stadt Chemnitz. Dort hatte sich der Textilmaschinenbau lebhaft entwickelt, wohl das alleinige Verdienst von Carl Gottlieb Haubold, dem Begründer des Chemnitzer Maschinenbaus und „Vater" der sächsischen Industrie schlechthin. Haubold war eine der ausgezeichnetsten Persönlichkeiten des angehenden Industriezeitalters und der Lehrmeister einer ganzen Generation von Unternehmern, Ingenieuren und Erfindern. Die Hauboldschen Textilmaschinen genossen europäischen Ruf, die sächsische Industrie verdankt ihm und seinen jüngeren Vettern unendlich viel.
Was Wunder, wenn sich allenthalben angehende Talente von diesem klangvollen Namen angezogen fühlten und im Jahre 1832 auch ein junger dreiundzwanzigjähriger Elsässer, Richard Hartmann mit Namen, in Chemnitz seinen Einzug hielt.
Das war ein Bursche, dieser Hartmann! Lachend, sprühend vor Lebenslust und Tatendrang. Am 8. November 1809 hatte er in dem kleinen Städtchen Barr im Elsaß, in der Neugasse Nr. 17, das Licht der Welt erblickt. Merkwürdig, wie viele gerade für das Eisenbahnwesen bedeutende Ingenieure und Erfinder das Elsaß in jenen Jahren hervorgebracht hat: Meyer, Hartmann, Trick, Riggenbach, Beugniot.

Hartmanns Vater war Schuhmacher in Barr, aber von dem Sprichwort „Schuster bleib bei deinem Leisten" hielt der junge Richard nicht viel. Er trat bei Meister Georg Dietz zu Barr in die Lehre und erlernte das Zeugschmiedehandwerk. Kaum hatte er ausgelernt, da ließ ihm sein Tatendrang keine Ruhe, im Jahre 1828 ging er auf Wanderschaft, auf die „Walz", wie es damals hieß, um etwas Rechtes zu werden. Der Name Haubold lockte ihn nach Chemnitz, nachdem er vier Jahre lang kreuz und quer durch Deutschland gewandert war. Seine einzigen Schätze waren eine silberne

Uhr, zwei Fäuste, mächtig wie Schmiedehämmer, und eine ungeheure Energie.
In Chemnitz gefiel es ihm, und er begann, seine Schätze zu verwerten. Zunächst verkaufte er die Uhr für zwei Taler und verdingte sich als Schmied bei C. G. Haubold. Es vergingen kaum drei Jahre, da hatte er sich, obwohl ihm der Maschinenbau völlig neu und fremd war, durch seinen Fleiß und seine Tüchtigkeit bereits zum Akkordmeister für den Krempelbau hochgearbeitet. Und das wollte bei Haubold etwas heißen!
Doch nun kam dieser breitschultrige, bärenstarke Mann erst richtig in Schwung. 1837 quittierte er den bisherigen Dienst, nachdem er sich gründlich in den Maschinenbau eingearbeitet hatte, erwarb das Bürgerrecht der Stadt Chemnitz, gründete mit drei Gehilfen ein eigenes Geschäft, eine winzig kleine Werkstatt, und führte zudem am 11. Oktober dieses Jahres 1837 das Gastwirtstöchterlein heim, das es ihm schon lange angetan hatte.

Nun war Hartmann selbst Unternehmer geworden, er baute selbst Maschinen und sein Lebensweg unterschied sich nicht mehr von demjenigen der anderen alten „Helden“: Egells, Borsig, Krupp, Keßler, Schichau und wie sie alle hießen. Zugegeben, der junge Fabrikant hatte mehr Glück als beispielsweise die Vettern Haubold, deren Unternehmen an ewigem Kapitalmangel litt. Zudem gelang ihm bald eine eigene wesentliche Erfindung, nämlich die des Florteilers, auch Kontinue genannt, einer Vorspinneinrichtung für Streichgarnkrempel, die ihm laufend Aufträge sicherte. Die kleine Werkstatt reichte schon bald nicht mehr aus. Mehrmals wechselte der Schauplatz, 1840 finden wir Hartmann in der Klostermühle, er beschäftigt bereits 76 Arbeiter. Abermals fünf Jahre später baute er bereits eine eigene Fabrik in der Leipziger Straße, um Platz für seine nunmehr 350 Mann zählende Belegschaft zu gewinnen.
Aber Hartmann kennt kein Ausruhen. Für ihn ist die Arbeit alleiniger Lebensinhalt, sein Blick schaut nach immer neuen Betätigungsmöglichkeiten aus. 1840 baut er seine erste Dampfmaschine und fügt damit seiner Textilmaschinenfabrikation einen neuen Zweig an. Hartmannsche Dampfmaschinen genießen schon bald

darauf den Ruf besonderer Qualität. Er reist umher, besucht das Ausland, um Gesichtskreis und Kenntnisse zu erweitern und erfaßt, wo er auch auftaucht, sofort das Wesentliche an der technischen Entwicklung seiner Zeit.
Die guten Erfolge mit seinen Dampfmaschinen lassen ihn an die Verwirklichung eines schon lange gehegten Wunsches denken: den Lokomotivbau. Die Anregung hierzu ist ihm wohl bereits bei Haubold gekommen, der in den Jahren 1839/40 zwei Lokomotiven, davon eine für die Leipzig-Dresdener Bahn, gebaut hatte. Zudem ist das Eisenbahnwesen in Sachsen mächtig im Aufschwung begriffen. 1845 beschäftigt sich Hartmann ernstlich mit dem Problem, im folgenden Jahr unternimmt er mit seinem Obermeister Steinmetz eine Reise nach England, um bei Stephenson den Lokomotivbau an der Quelle zu studieren. Wie wichtig diese Reise genommen wurde, mag daraus hervorgehen, daß sämtliche Beamte der Fabrik den beiden das Geleit bis Penig gaben.

Unmittelbar nach seiner Rückkehr geht Hartmann ans Werk. Das Glück, das seine Gunst so manchem Zeitgenossen versagte, ist ihm weiterhin hold. Der sächsische Staat, gewerbefreundlich eingestellt, bewilligt ihm ein Darlehen von 30 000 Talern, in zehn Jahren zu tilgen, davon fünf Jahre zinsfrei, zweifellos eine große Vergünstigung. Interessant ist, daß Chemnitz zu jener Zeit noch gar keinen Eisenbahnanschluß besitzt.
Das Jahr 1848 bringt endlich die Erfüllung aller Wünsche, die erste Lokomotive wird fertiggestellt und an die Sächsisch-Bayrische Eisenbahn abgeliefert. „GLÜCK AUF“ lautet ihr verheißungsvoller Name. Sie ist eine 1B-Gemischtzuglokomotive in der von England übernommenen Langkessel-Bauweise. Damit ist Hartmann der Schritt gelungen, der sein Unternehmen alsbald zu einer der führenden Lokomotivbauanstalten in Deutschland machen soll. Der Lokomotivbau wird nunmehr Hauptzweig seines Unternehmens.
Auch einem Hartmann blieben Rückschläge nicht erspart, aber was konnte diesen starken Mann schon erschüttern, diesen „elsässischen“ Sachsen? Krisenzeiten kamen, der junge Industriezweig entwickelte sich nur langsam. 1854 richtete Hartmann eine

eigene Gießerei ein, nahm 1855 den Bau von Turbinen und Mühleneinrichtungen dazu und gründete 1857 eine Abteilung für Werkzeugmaschinenbau. Im April 1858 konnte schließlich die 100. Lokomotive die Werkstätten verlassen, festlich geschmückt und von Geistlichen feierlich eingesegnet, entsprechend dem Brauche der Zeit. „Hundert" hieß sie und ihre Abliefeferung mag für den unermüdlichen Maschinenbauer ein denkwürdiger Tag gewesen sein. Das Ereignis wurde in einer großen Feier, an welcher die ganze Belegschaft teilnahm, festlich begangen.

1860 traf Hartmann der härteste Schicksalsschlag: Ein fürchterliches Feuer vernichtete fast das gesamte Werk, der Lokomotivbau mußte unterbrochen werden. Aber in solchen Augenblicken zeigt sich eben auch die menschliche Größe des Unternehmers. Hartmann entließ nicht einen einzigen seiner Arbeiter, obwohl 800 Mann beschäftigungslos geworden waren. Im Handumdrehen baute der unverbesserliche Optimist das Werk wieder auf. Nach sechs Monaten lief die Produktion wieder voll und der Januar 1864 brachte die 200. Lokomotive zur Ablieferung, der im Dezember 1866 die Nummer 300 folgte. Von nun an führte der Weg des Unternehmens in steiler Kurve zum Gipfel, zu einem Großunternehmen von Weltgeltung. Das Jahr 1870 ist noch einmal ein Jahr der Wende. Hartmann selbst betreibt die Umwandlung seines Lebenswerkes in eine Aktiengesellschaft unter der Bezeichnung „Sächsische Maschinenfabrik zu Chemnitz". Das Stammkapital beträgt 7,5 Millionen Mark, der Gründer übernimmt den Vorsitz im Aufsichtsrat.

Hartmann kannte kein Ausruhen, sein Reich war die Werkshalle. So traf ihn denn auch der Tod mitten in seiner Arbeit. Ohne krank gewesen zu sein, verschied er ganz plötzlich am 16. Dezember 1878 an einem Gehirnschlag, 69 Jahre alt. Der deutschen Industrie hinterließ er eines der größten Unternehmen im sächsischen Raum. Das später in „Sächsische Maschinenfabrik vorm. Richard Hartmann Aktiengesellschaft" umbenannte Werk, das zu seinen Blütezeiten gegen 7000 Beschäftigte zählte, war wahrhaftig das Werk eines ganzen Mannes!

In den letzten Lebensjahren hat sich Hartmann sehr der Arbeiterfürsorge gewidmet, baute Wohnungen und schuf mancherlei vorbildliche soziale Einrichtungen. Es bleibt ihm hoch anzurechnen, daß er seinen eigenen bescheidenen Anfang nie vergessen hat. Hartmann war bei seinen Arbeitern sehr beliebt, mit seiner launigen aus elsässischem und sächsischem Dialekt gemischten Sprechweise hat er manche Schwierigkeit überbrückt. Gewerkschaften und Sozialdemokratie hatten es schwerer als anderswo, im Hartmannschen Unternehmen Fuß zu fassen und auch der 1871 ausgebrochene Aufstand der Chemnitzer Maschinenbauer und -gießer ging an Hartmann glimpflich vorüber. Eine Reihe Schenkungen flossen seiner Vaterstadt Barr zu. Von seinen beiden Söhnen Richard und Gustav, die zusammen mit seinem Schwiegersohn Keller im Werk tätig waren, ist besonders Gustav als späterer Direktor der Lauchhammer AG hervorgetreten.
In den Jahren der Wirtschaftsdepression, 1929, hat die Sächsische Maschinenfabrik allerdings den Lokomotivbau aufgeben müssen, genau wie manche andere alte Lokbauanstalt. Der Wegfall des sächsischen Hauptabnehmers nach Gründung der Reichsbahn und die drückende Konkurrenz der „preußischen" Werke führten genau wie bei Maffei zum allmählichen Niedergang des Betriebszweiges. Bis dahin sind rund 4700 Lokomotiven an Bahnen in aller Welt geliefert worden, darunter auch manche kühne und wegweisende Konstruktion. Besonders die großen sächsischen Schnellzuglokomotiven der Reihen XVIII H und XX HV, sowie die beiden Sonderausführungen, Gattung XV HTV, stellen Spitzenleistungen nicht nur des Werkes, sondern des deutschen Lokomotivbaues überhaupt dar.

Richard Hartmann war eine der markantesten Persönlichkeiten der aufblühenden deutschen Industrie, dabei das klassische Beispiel des Selfmademan, der es ohne jede theoretische Bildung vom einfachen Schmiedegesellen zum Geheimen Kommerzienrat gebracht hat. Er steht ebenbürtig mit Keßler und Borsig in einer Reihe. Vielfach ging er neben der kontinuierlichen Aufwärtsentwicklung seiner Bauarten eigene Wege, wie bei der Einführung der beweglichen Laufachse im Jahre 1858. Die Schaffung bogengängiger Lokbauarten und die Ausrüstung seiner Maschinen mit Dampfbremsen sind ein spezielles Verdienst. 1867 verwendete er zum ersten Male die Heusingersteuerung, damals noch so gut wie unbekannt. Seine guten Beziehungen zur Generaldirektion der Sächsischen Staatsbahn ließen sein Unternehmen mehr und mehr zu deren Alleinlieferanten werden.

Heute ist auch der sächsische Lokomotivbau ein abgeschlossenes Kapitel deutscher Eisenbahngeschichte, keines der schlechtesten, sollten wir meinen. Die Wechselwirkungen zwischen Hartmann und den maßgeblichen Männern im maschinentechnischen Dezernat der Staatsbahn sind von jeher groß gewesen. Und es sind nicht nur Wechselwirkungen, es ist das Zusammenwirken mehrerer bedeutender Ingenieure. Sachsen hatte das Glück, vorzügliche Fachleute als maschinentechnische Leiter seiner Bahnen zu besitzen. So wurde mit der Erzgebirgischen Bahn auch der Dichter-Ingenieur Max Maria von Weber übernommen, der weit über Deutschland bekannt wurde. Seine Preußenfreundlichkeit wurde ihm allerdings während der politischen Zeitläufte der sechziger Jahre des vorigen Jahrhunderts zum Verhängnis, als Sachsen mit Österreich sympathisierte. Weber erhielt seinen Abschied.
Anläßlich der Vereinigung der Staatsbahnen rückte der aus dem böhmischen Leitmeritz stammende Franz Nowod, genannt Nowotny, an seine Stelle. Nowotny hatte 1842 bei der Leipzig-Dresdner Bahn seine Laufbahn begonnen, war 1845 Maschinenmeister in Altenburg, dann Maschinenmeister der Sächsisch-Böhmischen Bahn und wurde 1865 als Direktionsrat in die Dresdner Generaldirektion berufen, von wo aus er bis 1886 die maschinentechnischen Geschicke der Staatsbahn leitete.
So finden wir in den Hartmannschen Lokomotiven der siebziger Jahre manche Ideen Nowotnys, vor allem das nach ihm benannte Laufachs-Drehgestell. Gerade hier scheint es uns, als wolle die Geschichte die vorhin erwähnte Wechselwirkung bedeutender Männer besonders herausstellen, wird doch eben zu dieser Zeit, im Jahre 1874, Ewald Richard Klien zum Vorstand der Maschinenverwaltung Chemnitz ernannt. Klien verbessert in Zusam-

menarbeit mit Hartmann die Nowotny-Achse weiter, entwickelt schließlich gemeinsam mit dem jungen begabten Ingenieur Lindner eine eigene Form der Radialachse, die Klien-Lindner-Hohlachse.

Klien setzt das Werk Hartmanns und Nowotnys fort und ist als Geheimer Baurat in der Generaldirektion der Schöpfer der bekannten Lokomotivkonstruktionen der Jahrhundertwende. Unter ihm vollzieht sich der Übergang zum Heißdampf. Als er 1907 in den Ruhestand tritt, führt Robert Lindner sein Werk konsequent weiter. Das Schicksal liebt Wiederholungen: Der Lebensweg dieses 1851 in Chemnitz geborenen Mannes begann als Schlosserlehrling im Hartmannschen Werk und endete als oberster maschinentechnischer Beamter der Staatsbahn (bis 1919). Den Höhepunkt im sächsischen Lokomotivbau brachte schließlich das Jahr 1918 mit dem bereits erwähnten Bau der Schnellzuglokomotiven Klasse XX HV für die Sächsische Staatsbahn, damals der mächtigsten Lok ganz Europas.

So gehören die Namen Hartmann, Nowotny, Klien und Lindner eng zusammen, sie schließen bescheidensten Anfang und glänzenden Höhepunkt ein. Und mit nichts weiter als einer silbernen Uhr, zwei Fäusten und einem unzerstörbaren Optimismus hat alles angefangen. *1963*

# Josef Trick

Wer kennt diesen Namen noch? Dabei war das Wirken dieser älteren Ingenieursgeneration in keiner Weise weniger bedeutsam als das der großen Lokomotivbauer der Jahrhundertwende oder der Konstrukteure der Gegenwart. Denn jede Lokomotive oder sonstige Einrichtung des Eisenbahnwesens besteht ja aus einer Summe von Ideen, von Erfindungen, in jeder Maschine steckt eine Fülle von Gedanken, ja, drückt sich die geistige Leistung von Generationen aus.
Darum geschieht den Eisenbahnpionieren der Frühzeit Unrecht, wollte man ihre Arbeit gering achten und über ihre einfachen Experimente lächeln. Ihre Erfolge und Mißerfolge waren notwendig, um den heutigen Stand der Technik zu erreichen.
Josef Trick wurde am 10. September 1812 in Gebweiler im Elsaß geboren, im gleichen Ort, in welchem fünf Jahre später Niklaus Riggenbach, der berühmte Erbauer der ersten Zahnradbahn, das Licht der Welt erblickte. Es scheint, als habe der gemeinsame Heimatort auch manches Gemeinsame im Lebenslauf beider Männer zur Folge gehabt.

Der Lebensweg Josef Tricks entbehrt der großen, äußerlichen Ereignisse. Er ergreift nach dem Verlassen der Schule den Beruf eines Mechanikers, wie die Techniker der damaligen Zeit allgemein genannt wurden, geht in die benachbarte Schweiz, besucht das Polytechnikum in Zürich, um schließlich als Ingenieur in die Fabrik von Escher-Wyß in Zürich einzutreten, wo er sich alsbald als Konstrukteur einen Namen macht. Am Züricher Polytechnikum lehrte damals Ferdinand Redtenbacher Maschinenbau, einer unserer ersten großen Theoretiker der jungen technischen Wissenschaft. Redtenbacher erkannte die große Begabung des jungen Trick, vor allem sein konstruktives Talent. Wie sehr damals alles im Werden war, mag daraus hervorgehen, daß Redtenbacher nur drei Jahre älter war als sein Schüler Trick! Als der erstere im Jahre 1841 eine Berufung an das neu gegründete Polytechnikum – die spätere Technische Hochschule – in Karlsruhe erhielt, da folgte ihm alsbald Josef Trick und wurde Assistent.

In Karlsruhe fand Trick einen ganz anderen Wirkungskreis. Es war nicht allein die Tätigkeit am Institut, nein, 1840 hatte die Badische Staatsbahn ihre erste Eisenbahnstrecke eröffnet, im folgenden Jahr nahm in seiner Karlsruher Werkstatt der Fabrikant Emil Keßler gemeinsam mit Theodor Martienssen den Lokomotivbau auf. Im gleichen Jahr trat auch Niklaus Riggenbach in Keßlers Dienste.

Es wundert uns also nicht, daß alsbald Josef Trick zu diesem Bunde gehört, verband doch alle diese Männer – Redtenbacher, Keßler, Riggenbach und Trick – über die gemeinsame Arbeit hinaus eine persönliche, treue Freundschaft.

Im Jahre 1847 quittiert Trick den Hochschuldienst und tritt als Leiter des Konstruktionsbüros in die Maschinenfabrik von Emil Keßler ein. Äußerer Anlaß war der Auftrag der Württembergischen Staatsbahn, eine Berglokomotive für die Geislinger Steige, jene krümmungsreiche Steilrampe auf der Strecke Stuttgart – Ulm, zu bauen, zu welcher Trick Vorentwürfe geliefert hatte. Der Bau wurde in der ein Jahr vorher neu errichteten Keßlerschen Maschinenfabrik in Esslingen durchgeführt, und Trick entledigte sich mit großem Geschick der schwierigen konstruktiven Aufgabe. Die von ihm entworfene dreifach gekuppelte Berglokomotive „Alb" besaß festen Achsstand und damals schon Innenrahmen und Außenzylinder, wies also bereits Konstruktionsprinzipien auf, wie sie bis zur Jahrhunderwende für die Güterzuglokomotive gültig waren. Die „Alb" beförderte anstandslos eine Zuglast von 100 Mp auf der Geislinger Steige.

Die Esslinger Jahre sind die fruchtbarsten des tüchtigen Ingenieurs. Nicht zuletzt ist es dem Wirken Tricks zu verdanken, daß sich Esslinger Lokomotiven eines ausgezeichneten Rufes erfreuten, sowohl Leistung als auch die konstruktive Durcharbeitung der Einzelteile betreffend.

Im Jahre 1854 entstand eine neue, zukunftweisende Lokomotivkonstruktion, die 2'Bn2- Lokomotive der Klasse A der Württembergischen Staatsbahn. Hier führte Trick erstmals die von ihm unabhängig und gleichzeitig mit dem Engländer Allan erfundene Kulissensteuerung mit gerader Kulisse aus. Leider hat sich die Bezeichnung „Allan-Steuerung" eingebürgert, obwohl die Trick-

sche Erfindung um ein weniges früher erfolgte. Diese Lokomotivtype besaß auch den nach seinem Erfinder benannten Trick-Schieber mit Überströmkanal und doppelter Öffnung, ein System, wie es sich bei den damaligen Verhältnissen sehr bewährt hat.
Trick hatte maßgeblichen Anteil an der Gestaltung der württembergischen Drehgestell-Lokomotiven, deren schönste Vertreter die Klassen D, E und B sind.
Aber noch während die ersten Maschinen der Klasse B im Bau waren, griff das Schicksal ein, am 20. April 1865 verstarb Josef Trick plötzlich nach kurzer Krankheit, der Tod riß ihn mitten aus seinem schaffensreichen Leben heraus.
18 Jahre stand er als Leiter dem Esslinger Konstruktionsbüro vor. Wir möchten rückschauend sagen, es waren sehr fruchtbare und erfolgreiche Jahre. In diese Zeit fällt der Bau der Esslinger Crampton-Lokomotiven sowie die erstmalige Ausführung von Stütztenderlokomotiven nach System Engerth.
So greift Tricks Schaffen in viele Bereiche des damaligen Lokomotivbaus ein. Ein gewisser Höhepunkt mag im Jahre 1861 liegen, als er für die Schweizer Bahnen bereits eine Lokomotivtype mit langgespreiztem Drehgestell und in dessen Mitte liegenden Zylindern entwarf. Damit war er in Europa seinen Zeitgenossen weit voraus. So gehört Josef Trick in die Reihe der bedeutendsten Konstrukteure des ersten Vierteljahrhunderts des deutschen Lokomotivbaus.

*1965*

# An den Geleisen

## Erinnerungen an die Halle-Hettstedter Bahn

Der Leser möge Nachsicht üben, wenn der Herausgeber des LOK-MAGAZIN sich selbst so wichtig nimmt, seiner Heimatbahn ein paar Seiten zu opfern. Er weiß, daß derjenige recht hat, der einwendet, es wäre gescheiter gewesen, einmal über die Kassel-Naumburger-, die Westfälische Landeseisenbahn oder die Köln-Bonner Bahnen zu berichten, als über jene doch im Bundesgebiet weitgehend unbekannte und – ganz ehrlich – für die meisten Leser vielleicht auch uninteressante Eisenbahn.
Alles richtig, doch wer kann gegen die eigene Schwäche an? Eine Reihe Fotos ist vorhanden, vielleicht finden sie doch bei diesem oder jenem Eisenbahnfreund Interesse. Wir wollen auch nicht in eine lange, detaillierte historische Schilderung verfallen. Nein, lassen Sie uns das Typische an dieser Bahn berichten, ihren Wandel von der Kleinbahn zur Nebenbahn, vielleicht ergeben sich Parallelen zu ähnlichen Gründungen jener Zeit, damit auch der einseitig westwärts orientierte Leser den Aufwand des Lesens nicht zu bereuen hat.

Sie war eine normalspurige Kleinbahn, nicht nur im wahrsten Sinne des Worts, nein, auch nach dem Buchstaben des Gesetzes von 1892, das ihren Bau ermöglicht hat. Sie gehörte ferner zu den Lenz-Bahnen, und das sagt ebenfalls viel. Wer also z.B. die Kiel-Schönberger Eisenbahn noch in Erinnerung hat, der kann sich lebhaft die HHE – so ihre Abkürzung – vorstellen.
Im Jahre 1872 war der siebenstrahlige Eisenbahnstern Halle vollendet, er wies aber eine Lücke nach Nordwesten auf, dort, wo fruchtbares Bauernland mit fetten Zuckerrübenäckern bei fündigen Bodenschätzen, dem Kupferschiefer, lag. Dieses Mansfelder Land war beim Bau von Eisenbahnen zu kurz weggekommen. Bereits 1886 führte der hallische Oberbürgermeister Verhandlungen mit der Preußischen Staatsbahn zwecks Bau einer Staatsbahnlinie. Sie zerschlugen sich, der Staat baute lediglich die

kurze Zweigbahn Teutschenthal – Salzmünde (eröffnet am 1. Mai 1890). So schritt man zur Privatinitiative.
Sie wurde gefördert durch den Bau der Hallischen Hafenbahn in den Jahren 1893/1895. Die Saale war für die Schiffahrt ausgebaggert worden, der Kettenschiffahrt folgte alsbald das Schrauben-Dampfschiff, und der Saale-Maßkahn stellt noch heute einen fest umrissenen Begriff in der deutschen Binnenschiffahrt dar. Endpunkt dieses Schiffahrtsweges war der sogenannte Sophienhafen in Halle, der mit Hilfe der Hafenbahn an das Staatsbahnnetz – es lag einige Kilometer entfernt – angeschlossen wurde. Hier mußte ein erheblicher Höhenunterschied überwunden werden, der dem Betrieb später viel Sorge bereitet hat.
Interessant ist, daß man vom Bahnhof Turmstraße aus, der etwa auf halbem Wege zwischen Hafen und Staatsbahnhof liegt, eine Industriebahn in Meterspur abzweigen ließ, die über Rollböcke den Anschluß der benachbart gelegenen Maschinenfabriken besorgte. Die beiden hier vorhandenen Hagans-Lokomotiven haben volle siebzig Jahre hindurch den Betrieb zu voller Zufriedenheit abgewickelt.
Frühzeitig bildete sich ein Interessenkonsortium, das am 4. Juni 1893 in Schwittersdorf den Bau einer Bahn von Halle nach Hettstedt beschloß. Leider fehlte es an Kapital, die beteiligten Gemeinden und Privatleute brachten außer dem guten Willen nur gerade eine Million Mark auf die Beine. Die Stadt Halle legte noch eine halbe Million dazu, der Bau war jedoch einschließlich Grunderwerb und Betriebsmittel auf 4,1 Millionen Mark veranschlagt. So wandte man sich an das Eisenbahn-Bau- und Betriebsunternehmen von Lenz & Co. in Berlin, das den Rest des Geldes vorschoß, den Bau ausführte und auch die Konzession für den Betrieb der Bahn auf zunächst 25 Jahre erhielt. Sie wurde später verlängert.

Dieser Vorgang ist typisch für die damalige wirtschaftliche Situation in Mittel- und Ostdeutschland. Allenthalben fehlte es an Kapital. Ohne Privatunternehmen wie Lenz, Bachstein, Vering & Wächter wäre so manche Bahn überhaupt nicht gebaut worden.
Im Jahre 1894 begann der Bau, zum großen Teil mit Hilfe italieni-

scher Gastarbeiter. Die Trassierung verlief einfach, wo es anging, lehnte man sich an vorhandene Chausseen an, um möglichst wenig Ackerflächen zu durchschneiden und so Ärger mit den Grundbesitzern aus dem Wege zu gehen. Daraus ergab sich allerdings eine Vielzahl von Krümmungen und wechselnden Neigungen, die dem Betriebsablauf nicht gerade förderlich waren. Doch soweit dachte man wohl zunächst noch nicht.

Im Spätsommer 1896 fand die feierliche Eröffnung der Bahn statt. Blumenbekränzt fuhr der erste Zug, mit zwei Lokomotiven bespannt und besetzt mit den Spitzen der Behörden, über die Strecke. Überall stand die Bevölkerung begeistert Spalier, endlich hatte man auch seine Eisenbahn bekommen. 1898/1899 wurde noch eine Zweigbahn von Gerbstedt nach Friedeburg gebaut, um eine Verbindung zur Saale herzustellen, vor allem aber, um die Rübenanfuhr für die Zuckerfabrik Helmsdorf zu besorgen. Lange Züge mit Flachwagen voller Rüben sind denn auch auf dieser Strecke für die Herbstzeit charakteristisch gewesen.

Im Bahnhof Hettstedt fand die Bahn Anschluß an die Berlin – Blankenheimer Bahnstrecke, so daß also an beiden Endpunkten Übergang zur Staatsbahn bestand. Lokschuppen wurden in Halle-Klaustor, wo die Hettstedter Linie von der Hafenbahn abzweigt und sich der Bahnhof befand, und in Gerbstedt angelegt. An beiden Stellen waren ständig Lokomotiven stationiert .

Kurz ein Blick auf Stationen und Kilometrierung:

**Halle – Hettstedt**

| | |
|---|---|
| 0,0 | Halle Thüringer Bahnhof |
| 1,75 | Halle Turmstraße (Privatladegleise sind mittels schmalspuriger Eisenbahn angeschlossen) |
| 3,57 | Halle Süd |
| 5,07 | Halle-Klaustor (unmittelbarer Anschluß an die Hafengleise) |
| 8,64 | Nietleben |
| 10,89 | Dölauer Heide |
| 12,13 | Dölau Personenbahnhof |
| 13,24 | Dölau Güterbahnhof |
| 13,36 | Lieskau |
| 16,26 | Cöllme |

| | |
|---|---|
| 20,37 | Fienstedt |
| 22,10 | Gorsleben |
| 24,26 | Naundorf |
| 25,81 | Beesenstedt |
| 27,31 | Schwittersdorf |
| 29,12 | Rottelsdorf |
| 31,17 | Burgsdorf |
| 35,23 | Polleben |
| 37,98 | Helsmdorf |
| 41,17 | Gerbstedt |
| 45,27 | Welfesholz |
| 49,64 | Hettstedt |
| | Die Verbindungsstrecke Halle-Klaustor – Halle-Thüringer Bahnhof dient nur dem Güterverkehr (früher Hallesche Hafenbahn). |

**Gerbstedt – Friedeburg-Hafen**

| | |
|---|---|
| 0,0 | Gerbstedt |
| 4,12 | Zabenstedt |
| 5,12 | Friedeburger Hütte |
| 7,38 | Zabitz |
| 9,32 | Friedeburg |
| 9,95 | Friedeburg-Hafen. |
| | Friedeburg – Friedeburg Hafen nur für Güterverkehr. |

Wie alle Lenzbahnen erhielt die HHE einen eigenen Wagenpark, der sich aus etwa 50 Personenwagen, 10 Packwagen und weiteren rund 60 Güterwagen – zum Unterschied von denen der Staatsbahn hellgrau lackiert – zusammensetzte.
Mit zunächst acht Lokomotiven wurde der Betrieb eröffnet. Er entwickelte sich gut. Trotz wechselnder Erfolge, bedingt durch Krieg, Inflation und Weltwirtschaftskrise, hat die Bahn die Zeitläufte überstanden und fiel erst vor wenigen Jahren der auch in Mitteldeutschland immer stärker zunehmenden Motorisierung zum Opfer. Dabei muß die Bahn durchaus zu den Unternehmen mittlerer Größe gerechnet werden. Es verkehrten 1914 täglich zwölf durchgehende Züge, 1926 acht, 1929 zehn, 1939 neun und 1959 abermals zwölf, dazu noch eine beträchtliche Zahl von Vor-

ortzügen. Die kürzeste Fahrzeit sank von anfangs 115 Minuten auf 99 Minuten im Jahre 1939 für die ganze Strecke.
Die Strecke war zunächst mit Schienenmaterial ausgerüstet, das nur maximal 12 t Achslast für die Lokomotiven erlaubte. Nach dem Ersten Weltkrieg wurde die Strecke durchgehend erneuert, und es wurden gebrauchte Staatsbahnschienen eingebaut, die eine Achslast von 15 t ermöglichten. Typisch für den damals erneuerten Oberbau war übrigens seine eigenartige Färbung. Die Bettung bestand aus schwarzglänzender Mansfelder Kupferschieferschlacke, lediglich die Schienenstöße waren in rotem Porphyr gebettet. Man möge sich vorstellen, wie der Gleiskörper aus entfernter Betrachtung auf den Beschauer gewirkt hat: Eine schwarze Linie mit lauter rotbraunen Tupfen, ein wohl einmaliger Anblick.
Gegen Mitte der zwanziger Jahre wurde auf halbem Wege zwischen Halle und dem Vorort Nietleben ein kleines Ausbesserungswerk gebaut, das recht modern ausgestattet war und auch Reparaturen für die zweite Lenzbahn im Saalegebiet, die Nauendorf-Gerlebogker Eisenbahn ausführte. Im Betriebsgebäude der HHE befand sich gleichzeitig die Filiale Halle von Lenz & Co., der auch die Kleinbahnen Nauendorf – Gerlebogk, Mühlhausen – Ebeleben und Goldbeck – Werben unterstanden. Der Kleinbahnfreund konnte es sich nicht verkneifen, dort von Zeit zu Zeit einmal über die Mauer zu schauen, was denn gerade in Reparatur sei bzw. auf dem Hof herumstand. Dort waren anfangs der dreißiger Jahre auch die letzten T 3-Loks abgestellt. Auch die Wagen wurden dort unterhalten. Das Werk ist inzwischen stillgelegt.

Damit berühren wir das interessanteste Kapitel unserer Kleinbahn, das der Lokomotiven.
Im Heft 23 unseres LOK-MAGAZIN berichtete K. J. Harder bereits über die „Einheits"Lokomotiven der Lenz-Bahnen, die in Zusammenarbeit mit dem Stettiner Vulcan entwickelt worden waren. Zwangsläufig traten diese Lenz-Typen mit ihrer typischen Numerierung auch auf der HHE auf, nachdem die Hafenbahn ein Jahr vorher zwei Dreikuppler vom Vulcan bezogen hatte. Die ersten Lokomotiven, 1b–4b, waren einfache B-Tenderlokomoti-

ven, zwei davon sogenannte „Karlsruher Teckel", wie sie die Maschinenbaugesellschaft Karlsruhe in jenen Jahren vielfach an Privatbahnen verkaufte. Bei der HHE bewährten sich die Zweikuppler nicht sonderlich. Für die starken Steigungen waren sie zu schwach, zumal sich der Verkehr alsbald kräftig entwickelte. Sie versahen den Vorortverkehr, während die gleichzeitig oder kurz darauf beschafften dreifach gekuppelten Tenderlokomotiven, der preußischen T 3 ähnlich, den Streckendienst nach Hettstedt übernahmen. Auch dieser verlief nicht sehr attraktiv, die Reisegeschwindigkeit lag bei 15 km/h, obschon höhere Ansprüche in jenen Jahren nicht gestellt wurden.

Die größten Schwierigkeiten entstanden bei der Hafenbahn, deren Betriebsführung ebenfalls der HHE unterlag. Hier reichten die Kräfte der beiden T 3-Lokomotiven bei weitem nicht aus, die schweren Züge über die Steigung zu befördern. Bei der Hafenbahn mußten auf zwei Kilometer Streckenlänge 33 m Höhenunterschied überwunden werden.

Im Jahre 1901 hatte der Stettiner Vulcan Versuche mit dem Hagans-Triebwerk angestellt, es aber nach einem Vorschlag von Leitzmann für Zwecke der Privatbahnen abgewandelt. Während bei der Hagans-T 15 der KPEV die vorderen drei Achsen direkt und die hinteren beiden, drehbar gelagerten, über den Schwinghebel angetrieben wurden, kehrte Leitzmann das Prinzip um. Er ließ die drei hinteren fest lagern und die beiden vorderen über den Schwinghebel antreiben, die Zylinder lagen zwischen beiden Achsgruppen. Der Lauf der Lok wurde dadurch verbessert, weil der Kolbendruck näher am Schwerpunkt der Lok ausgeübt wurde.

Die Hagans-Leitzmann-Lok hat sich recht bewährt, obwohl sie von anderen Bahnen nicht übernommen wurde. Jedenfalls erwarb Lenz zwei Maschinen dieser Bauart, eine kam an die Braunschweig-Schöninger Eisenbahn, die zweite an die HHE, wo sie auf der Hafenbahn eingesetzt wurde. Das bedeutete für den Betrieb eine wesentliche Erleichterung. Die immer viel zitierten erhöhten Unterhaltungsaufwendungen haben nie so stark zu Buche geschlagen, die Vorzüge gerade auf ihrem Einsatzgebiet wogen sie reichlich auf.

Im Jahre 1925 kam schließlich auch noch die Braunschweig-Schöninger Hagans-Lok zur HHE, wo sie bis 1933 in Dienst stand. Es war schon ein eindrucksvolles Bild, wenn die Hagans-Lok vor ihrem langen Güterzug mit gewaltigen Auspuffschlägen die Steigung hinaufkraxelte, hinten meist noch nachgeschoben. Mancher Passant blieb stehen, wenn sich die Fuhre über eine der zahlreich zu passierenden niveaugleichen Straßenkreuzungen quälte. Dort mußte der Zug vorher halten, zwei Bedienstete mit roten Fahnen rannten auf die Straße und sperrten nach beiden Seiten den Verkehr ab, denn elektrische Blink-Warnanlagen gab es damals noch nicht. Dann stieß die Lok ihren wimmernden Pfiff aus und los ging's mit Krach und Lärm, der sich in den Häuserschluchten zu wahrem Donnergetöse verstärkte, daß dem Eisenbahnfreund das Herz vor Vergnügen im Leibe lachte. Leider hat sich bei einer derartigen Straßenpassage nach dem zweiten Weltkrieg ein schwerer Zusammenstoß mit einem Straßenbahnzug ereignet, der Todesopfer forderte.
Im Jahre 1903 kaufte die Bahn zwei Mallet-Lokomotiven, ebenfalls vom Vulcan, für den Streckendienst, denen 1906 zwei weitere folgten, eine Parallele zum Vorgehen anderer Kleinbahnen. Geeignete Vierkuppler größerer Leistung, aber niedriger Achslast und besonders guter Bogenläufigkeit gab es damals noch nicht. Die Bauart Mallet bot sich als geschätzte Zwischenlösung an. Nach Ankauf dieser Mallets wurden die ersten B-Lokomotiven wieder abgestoßen, einige standen bei anderen Bahnen noch lange in Dienst.
T 3, Mallet- und Hagans-Loks, das war der Bestand bis Ende des ersten Weltkrieges. Dieser machte der Bahn schwer zu schaffen, erhöhter Verkehr, mangelnde Unterhaltung waren Dinge, die sich nicht vereinbaren ließen. So war eine Oberbauverstärkung und Erneuerung nach Kriegsende nicht mehr zu umgehen. Wir erwähnten den Einbau schwerer Schienen, so daß 15 t Achslast zugelassen werden konnten.

Bereits 1920 hatte Direktor Semke von Lenz & Co. gemeinsam mit der Hanomag Pläne für vereinheitlichte Kleinbahn-Lokomotiven entwickelt, die dann im Engeren Lokomotiv-Normen-Ausschuß

(ELNA) baureif durchgearbeitet wurden. Interessanterweise war es aber die Münchener Maschinenfabrik Krauss, welche die ersten Maschinen dieses Typs baute. Es waren dies vier Lokomotiven der Bauart ELNA 6, also mit 14 t Achslast, die 1922 an die HHE geliefert wurden, zunächst unter den Betriebsnummern 101–104, die dann nach Einführung des einheitlichen Nummernplans für Kleinbahnlokomotiven in 181–184 umgezeichnet wurden. Gleichzeitig wurden die sehr abgewirtschafteten Mallets verkauft.

Die vier ELNA-Lokomotiven haben sich von Anfang an so gut bewährt, daß im Jahre 1924 vier ELNA 5 der Achsfolge 1'C, gleichfalls von Krauss geliefert, dazukamen, denen 1927 nochmals drei ELNA 6 von Hohenzollern als Ersatz für die Hagans-Maschinen der Hafenbahn folgten. Mit diesen vier ELNA 5 und sieben ELNA 6 konnte der Betrieb über Jahre hinweg zur vollen Zufriedenheit und wirtschaftlich durchgeführt werden. Mit Hilfe der ELNA 5-Lokomotiven stieg die Reisegeschwindigkeit der Berufszüge sogar auf 25 km/h an.

Gleichzeitig mit den ELNA-Lokomotiven wurden neue, größere Reisezugwagen angeschafft, die das „Image“ der Bahn nicht unerheblich aufbesserten. Die großen Wagen boten zusammen mit den neuen Lokomotiven ein imposantes Bild und machten durchaus keinen Kleinbahn-Eindruck mehr. Unter diesen neuen Wagen gab es Ausflugswagen, deren Bänke ohne Trennwände angeordnet waren und eine einzige große Kajüte bildeten. Nur das WC fehlte. Sie stellten ein Dorado für Schulklassen, Betriebsausflüge oder sonntägliche Touren in den Stadtwald Heide dar. An Sonn- und Feiertagen mußten übrigens auch die Hafenbahn-Loks im Streckendienst aushelfen bzw. den bei schweren Zügen in Nietleben erforderlichen Schiebedienst ausführen. Es ist heute nahezu unvorstellbar, daß seinerzeit an schönen Sommertagen Hunderte von Ausflüglern mit der HHE in den Stadtwald und zurück befördert wurden. Die Zugfolge wurde noch durch außerplanmäßige Fahrten verstärkt.

Nach 1930 tauchte auch eine preußische T 9.1, wohl ein Gelegenheitskauf, bei der Bahn auf. Sie hat sich nicht sehr bewährt und wurde bald wieder abgegeben.

Während der Krisenjahre versah ein zweiachsiger Verbrennungstriebwagen den Vorortdienst zu den verkehrsschwachen Zeiten. Bereits vor Beginn des zweiten Weltkrieges wurde der Fahrzeugpark durch Anmietung einer ELNA 2 verstärkt. Der Güterverkehr nahm zu, desgleichen der Reisezugverkehr, letzterer besonders in den letzten Kriegsjahren, als der Kraftverkehr weitgehend gedrosselt wurde und „die Hettstedter" nach und nach einzige Verkehrsgelegenheit in das Mansfelder Land darstellte. Während der letzten Kriegstage wurde auch manche Reichsbahnlok „umständehalber" über die Gleise der HHE geleitet.
Nach Kriegsschluß und nach Wiederherstellung der gesprengten Saalebrücken keuchten lange „Hamsterzüge" über das Land. Zwei Lokomotiven der früheren Liegnitz-Rawitzscher Eisenbahn waren dazugekommen. Allerdings mußten auch die HHE-Lokomotiven auf Braunkohlenfeuerung umgestellt werden, ihre Leistung sank naturgemäß und oft mußte der Zug wegen Dampfmangel auf der Strecke halten.

Mit der Verstaatlichung der Privatbahnen 1949 in der DDR änderte sich das Bild schlagartig. Der neue Eigner, die DR, zog alsbald die unter Braunkohlenfeuerung besonders leidenden ELNA 5 heraus. Vom Bw Haldensleben wurden alte preußische T 16, BR 94.2–4, überwiesen, die nunmehr über die Strecke dampften. Nach und nach wanderten auch die ELNA 6 ab und Einheitsloks der BR 86 sorgten für einen „New Look" bei der HHE. Ab 1952 wurden die T 16 wieder abgezogen, da wegen der engen Bögen die Spurkränze der Endachsen vorzeitig scharf liefen. Das gleiche galt für die eine Zeit lang eingesetzten Doppelstock-Wageneinheiten. Auch hier ergab sich ein übermäßiger Radreifenverschleiß, genau wie bei dreiachsigen preußischen Abteilwagen.
Die kleineren HHE-Wagen, für die nunmehr das Raw Gotha zuständig war, verschwanden fast alle, um größeren aller Herkunftsgebiete, aus Österreich, der CSSR, den westlichen Ländern – wo das Großdeutsche Reich einst Beutegut verschleppt hatte – Platz zu machen. So ergab sich während der fünfziger und sechziger Jahre eine letzte, späte Blüte der Bahn. Das ehemalige Bw Klaustor wurde zur Nebenstelle des Bw Halle P ernannt. Nach-

stehende Lokomotiven waren 1963/1964 dort stationiert. Sie trugen z. T. das Kennzeichen Bw Halle P, Lokbhf Halle-Klaustor:
86 360, 435, 436, 438, 553, 573, 722, 723, 738, 756, 771, 800

Die 86 309 ist 1959 bei Polleben verunglückt und den Damm hinabgestürzt, aber vermutlich wiederhergestellt worden. Die Original-HHE-Lokomotiven haben noch lange auf anderen Strecken Dienst getan, so die ELNA 5 in Mockrehna, und waren in Bitterfeld, Falkenberg und Leipzig Süd beheimatet.
Das Ende kam rasch. Die neu errichtete Trabantenstadt Halle-Neustadt erhielt einen eigenen Bahnanschluß an die Linie Halle – Sangerhausen. Der vernachlässigte Oberbau der HHE hätte eine völlige Erneuerung der Gleisanlagen zur Folge gehabt. Städtebauliche Vorhaben forderten den Abbruch des Bahnhofs Halle-Klaustor. So geschah das Unausbleibliche: Am Montag, dem 11. März 1968, wurde der Zugverkehr auf dem Abschnitt Halle – Gerbstedt endgültig eingestellt, eine Buslinie trat an seine Stelle, nun wir kennen alle, wie das so geht.
1970 wurden Halle-Nietleben, Heidebahnhof und 1971 Halle-Dölau an die elektrische S-Bahn angeschlossen, die aber zum größten Teil auf neuer Trasse verkehrt.

Doch damit endlich genug der Einzelheiten, wir laufen eh schon Gefahr, den Leser zu ermüden. Wohl gäbe es noch viel zu berichten. Die „Hettstedter“ ist weder von schweren Unfällen noch von Krisen verschont geblieben, aber wen interessiert das heute noch? Im Grunde verlief ihr Schicksal nicht anders als jenes von Hunderten anderer Bahnen. Und ihre grasüberwachsene Trasse sieht heute genauso aus wie die so vieler deutscher Kleinbahnen. Die Hafenbahn wird vom Hauptbahnhof Halle aus mit bedient, der Bahnhof Klaustor mußte der Straßenverbreiterung weichen. Wo früher die Saalebrücke der Eisenbahn lag, zieht sich heute eine neue Straßenbrücke über den Fluß. Lokschuppen und Flutbrücken sind verschwunden, lediglich der Torso Heiligenthal – Gerbstedt – Hettstedt wird wegen des Berufsverkehrs zu den Kupferschächten und der Helmsdorfer Zuckerfabrik noch befahren. Die Friedeburger Strecke wurde schon früher stillgelegt.

So mußte auch die HHE dem angeblichen Fortschritt weichen. Wer früher bequem im geräumigen Abteil des Personenwagens sein Pfeifchen schmauchte und für eineinhalb Stunden den lieben Gott einen guten Mann sein ließ, der zwängt sich heute in den engen Sitz eines Busses, schaukelt über die Schlaglöcher der Straße und ist noch stolz, am Fortschritt der Welt teilzunehmen. Oder er klemmt einhändig-lässig hinter dem Lenkrad seines Autos, bereit, jederzeit sein Leben in die Waagschale zu werfen, sofern es darum geht, den Vordermann durch ein kühnes Überholmanöver auszustechen. Gab sich der Mensch im Kleinbahnabteil noch halbwegs zivilisiert, so ist sein Rückschritt zur Primitivität am Lenkrad nicht mehr zu überbieten. Nun, mit Vernunft läßt sich das Geheimnis der Motorisierung, der Kampf um Meter und Sekunden, nicht entschleiern. Es gibt wohl auch kaum jemanden, der sich des vom Gaspedal ausgehenden magischen Zwanges entziehen kann.
Es lebe also die Modernität! Die Zeit verblaßt, als die Kleinbahn den Fienstedter Berg hinaufschnaufte. Sie sind nur noch Schatten, die gemütlichen Lokführer und die einfältigen Fahrgäste. Die vorwitzigen Buben, die einst Schlackensteine auf die Schienen legten, wenn die „Friedeburger" angekeucht kam und der Lokführer fuchsteufelswild aus dem Führerhaus schimpfte, auch wohl die Zylinderhähne öffnete, sind heute würdige Opas.
Wie simpel verlief der urgemütliche Rangierbetrieb auf den Zwischenbahnhöfen, wenn es galt, Wagen abzuhängen oder aufzunehmen, alles natürlich im Fahrplan inbegriffen. Welch ein Glück, daß wir diese Zustände endlich überwunden haben …
Nun, liebe Leser, gestatten Sie wenigstens dem Chronisten, seiner alten „Hettstedter" eine Träne nachzuweinen. *1971*

# Begegnung mit einem Bahnhof

Es ist keine wirkliche Begegnung, die wir hier aufzeichnen, nein, eine Begegnung der Vergangenheit, eine Begegnung aus der Erinnerung heraus, so, wie man nach langer Zeit im Familienalbum blättert und plötzlich auf ein liebes, vertrautes Gesicht stößt, das einem bereits aus dem Gedächtnis entschwunden war.

Berlin Anhalter-Bahnhof! Man sollte diese Worte ganz langsam und mit Bedacht sprechen: Anhalter Bahnhof! Denn sie schließen eine Welt in sich ein, eine eigene Welt, unnachahmlich und einmalig, war doch dieser Bahnhof wie selten ein anderer eine Pforte des Ein- und Ausganges, ein Tor nach dem Süden, nach Italien, Frankreich, Spanien, aber auch nach dem mittleren und südlichen Deutschland. Namen, Richtungsschilder tauchen in endloser Reihe auf: Dresden, Chemnitz, Leipzig, Halle, Erfurt, Frankfurt, Stuttgart, Nürnberg, München – Namen, die einstmals zum Alltag dieses Bahnhofs gehörten, zu einem gewesenen Alltag. Wie kein anderer war er – als Ferienbahnhof der Berliner – ein Tor der Freude, der Erwartung, der Hoffnung. Von hier aus nahmen die Züge unserer Träume und Sehnsüchte ihren Lauf nach Rom, Mailand, Innsbruck, Zürich, Basel, Schwarzwald, Allgäu, Oberbayern, Rheinland, Frankenland, Sachsen, Elbsandsteingebirge, Prag, Wien, Belgrad, Athen.
Alle Herrlichkeiten unseres Kontinents lagen hier vor dem geistigen Auge des Beschauers ausgebreitet. Lachten uns diese Namen nicht auf den Richtungsschildern der Züge an den Bahnsteigen förmlich entgegen? Man konnte auf diesem Bahnhof eine Reise erleben, ohne auch nur einen einzigen Schritt aus der mächtigen Halle hinaus zu tun.

Anhalter Bahnhof – das hieß pulsierendes Leben, atemberaubende Dynamik, ewiges Kommen und Gehen. Die Züge folgten zu den Hauptreisezeiten einander im Fünf-Minuten-Abstand, zumal dann, wenn in der Riesenstadt die Ferien „ausbrachen" und sich Abertausende von luft- und sonnenhungrigen Familien auf die

Züge stürzten. Dabei spielte sich alles auf kleinstem Raum mit einer bewunderungswürdigen und einmaligen Präzision ab. Nur sechs Bahnsteiggleise bewältigten den gesamten Verkehr nach Sachsen, Mittel-, Süd- und Südwestdeutschland. Eine einzige Halle von 60 m Breite und 67 m Länge überspannte eine Welt, andersartig und schon halb losgelöst aus dem Organismus der Riesenstadt und doch ureigenster Bestandteil ihres Wesens. Was wäre das alte Berlin ohne seinen Anhalter Bahnhof gewesen? Nicht daran zu denken, wieviel Millionen Menschen diesen Bahnhof seit seiner Erbauung passiert haben mögen.
Dabei war er ein ausgesprochen schöner Bau, eine Seltenheit bei einem Bahnhof. Bahnhöfe tragen den Nimbus der Häßlichkeit noch aus den Zeiten her, als das Reisen eine schreckliche und gefährliche Angelegenheit war. Doch blenden wir einmal kurz in jene Jahre zurück, als man an den Bau des Bahnhofs heranging. Was waren das für Zeiten! Berlin zehrte noch von dem Rausch des eben errungenen Sieges über den bösen Feind. Zwar knisterten soziale Spannungen im Gebälk, die Wirtschaftskrise warf ihre Schatten voraus, aber noch floß der Goldstrom der Kriegskontributionen aus Frankreich. 1874 begann das Direktorium der Berlin-Anhalter Eisenbahn mit dem Bau des neuen Endbahnhofes der Bahn. Entwurf und Bauleitung übertrug man dem Regierungsbaumeister Schwechten. Fünf Jahre verstrichen bis zur Fertigstellung, am 15. Juni 1880 fand die feierliche Eröffnung unter Anwesenheit „hoher und höchster Herrschaften" statt. Zwei Jahre später wurde die Berlin-Anhalter Bahn vom preußischen Staat übernommen und der Königlichen Eisenbahndirektion in Berlin unterstellt.

Die Bahn führte hier mitten in das Herz der Reichshauptstadt hinein. Schritt man die Treppe hinab, so war man unmittelbar in der Turbulenz des alten Berlin, wenn auch der schöne Baumbestand des Askanischen Platzes den wilden Rhythmus zunächst dämpfte. Nur wenige Minuten waren es bis zum Potsdamer Platz, zur Leipziger Straße, wenige Häuserschluchten weiter verlief die Friedrichstraße, die Wilhelmstraße als politisches Zentrum, nach rechts kam man zum Hallischen Tor mit seinen schwarzen Hochbahngerüsten. Anhalter Bahnhof und Berliner Stadtmitte waren ein Begriff. Wenn daher ein Bahnhof das Tor des Verlassens und des Empfanges in einer Stadt ist, so gilt das besonders für diesen Bau.

Seiner Bedeutung entsprechend hat der Erbauer den Bogen als architektonisches Gestaltungsmittel gewählt. Bögen, überall Bögen, selbst die Halle stützte sich an ihrem Ende auf große gemauerte Bögen, sichtbares Symbol des Ein- und Ausgangs, des Gehens, des Reisens. Noch fehlen dem Bau der überladene Pomp und der Prunk der späteren wilhelminischen Ära. Nicht umsonst galt dieser Schwechten-Bau von Anfang an als Muster eines sowohl sachgemäßen als auch schönen Bahnhofsbaues.

Ja, aber das alles liegt in der Vergangenheit, es ist eine irreale Begegnung. Viele unserer jüngeren Freunde werden mit diesem Bahnhofsbegriff nichts mehr anfangen können, viele werden den Namen überhaupt nicht kennen. Sie werden sagen: Was ist das schon, ein Bahnhof, ein Bahnhof wie viele …

Nein, kein Bahnhof gleicht dem anderen, wie oberflächliche Reisende in landläufiger Verallgemeinerung daherreden. Es sind auch nicht nur die anderslautenden Richtungsschilder an den Zügen, nein, auch ein Bahnhof ist ein Gebilde eigener Prägung, ein Produkt aus dem Zusammenwirken des modernen Verkehrs mit seinen Gestaltungserfordernissen und der Geschichte einer Stadt. Landschaft und Sprache, Wirtschaftsform und Kultur haben auch dem Bahnhof eine Form des Eigenlebens gegeben.

Lange, lange Züge verließen den Anhalter Bahnhof. Man konnte sie gut sehen, wenn man mit der Hochbahn vom Gleisdreieck aus über die ausgedehnten Bahnhofsanlagen fuhr – welch ein Erlebnis war das doch! Und erst die Maschinen! Preußische und sächsische, Berliner, Leipziger, Hallische, Erfurter, Wittenberger, Dresdener Maschinenmänner riefen in ihren Dialekten durcheinander. 01er, 03er, S 10 sämtlicher Baumuster, P 8, P 10, T 12 und T 14 waren vorhanden, dazwischen die großen sächsischen XVIII H, „Fremdlinge“ inmitten der preußischen Welt, deren Dreivierteltakt-Auspuff genauso zum Begriff Anhalter Bahnhof gehörte wie der dumpf klingende Schlag der kleinen Rangierlokomotiven der Baureihe 89.

Nun, die Erinnerung verblaßt, vorbei die Herrlichkeit, in Trümmer gesunken der Bahnhof unter dem Hagel der Bomben, die Pfeiler geborsten, die große Halle eingestürzt, und auch diese Trümmer beseitigt, die Mauerreste abgefahren, das ganze Areal eingeebnet, planiert – nichts – gar nichts mehr ist vorhanden von all dem Glanz, von all der Pracht – das nackte Grauen grinst uns an mit seiner erschütternden Hoffnungslosigkeit. Eine tabula rasa ist das Ende.
Der Verkehrsstrom fließt in einer anderen Bahn. Einen Anhalter Bahnhof wird es nie mehr geben.

Wir wollen nicht über das Warum und das Heute sprechen. Wir wollen nicht richten, wir wollen uns einmal unserer menschlichen Schwäche enthalten, mit der wir immer so schnell bereit sind, auf andere den ersten Stein zu werfen. Wir haben verspielt in dem Stück, das uns der Rattenfänger vorgegaukelt hat. Va banque – was spielt da schon ein Bahnhof für eine Rolle? Das Schicksal hat ihn mit auf die Rechnung gesetzt, unter anderem, unter so vielem, was uns lieb und teuer war. Gewiß, seine Tage wären sowieso gezählt gewesen. Die Zentralisierung der Berliner Bahnhöfe stand bereits seit Jahrzehnten auf der Tagesordnung. Früher oder später wäre er sowieso der Spitzhacke zum Opfer gefallen. Auch wenn es keine Teilung unseres Vaterlandes gegeben hätte. Deshalb keine falsche Sentimentalität. Trotzdem. Es ist eine sehr stille Begegnung. Es liegt so vieles, ach so vieles in den alten Erinnerungen begraben …

*1963*

## Steilrampen: Romantik und Realität

Nirgend sonst findet die dem Eisenbahnmaschinendienst innewohnende Großartigkeit einen solch sichtbaren Ausdruck wie auf den Steilrampen, deren unser deutsches Streckennetz zahlreiche besitzt. Aber in der Beurteilung dieser technischen Kunstwerke kommt es durchaus auf den Standpunkt an: Dem Eisenbahnbauer haben sie zahlreiche schlaflose Nächte bereitet, dem Lokomotivkonstrukteur sind sie ein Greuel, weil eine einzige Rampe all seine Berechnungen über den Haufen werfen kann, der Lokführer betrachtet sie als höchst überflüssige Erschwerung seines Berufes, von der Meinung des Heizers ganz zu schweigen, er pflegt sowieso nie gefragt zu werden und hat sich inzwischen daran gewöhnt. Allein der Eisenbahnfreund ist über sie begeistert und kann sich nicht sattsehen, wenn die Züge mit gewaltigen Rauch- und Dampffahnen zu Berge kriechen, Schiebeloks sich abquälen und selbst Elektro- und Dieselmaschinen sich mit bescheidenem Tempo begnügen müssen.
Hinzu kommt noch, daß Steilrampen oft in den schönsten Gegenden liegen. In zahlreichen Windungen gewinnt die Trasse der Bahn an einer Berglehne die Höhe, manchmal rauscht und braust ein kleines Flüßchen das Tal hinab, der Wald reicht mit seinen Wipfeln fast bis auf die Gleise, verwittertes und bemoostes Mauerwerk türmt sich auf, schützt die Strecke gegen Steinschlag oder bildet riesige Stützwände. Auf Schritt und Tritt, aus allen Ecken und Winkeln jubelt uns förmlich der Triumph menschlichen Geistes entgegen, der seinem eisernen Pferd dort noch eine Bahn schuf, wo die Welt über Jahrtausende jedem Verkehr verschlossen blieb.

Meist durchquert das Gleis auf dem Scheitel der Rampe das Gebirge unterirdisch in einem Tunnel, Höhepunkt der Streckenführung. Er ist aber auch oft das Tor zu einer neuen Welt. Denn nach der Durchquerung des Berges fällt die Trasse wieder ab, gewinnt in zahlreichen Windungen das Tal und gibt den Blick frei in eine neue Landschaft, oftmals fast in eine neue Welt. Denn viele unserer Rampen liegen im Zuge der Überquerung der Mit-

telgebirge, sie führen die Reisenden aus dem herben, ernsten Norden urplötzlich in lachende, freundliche südliche Gefilde. Gerade dieser landschaftliche Unterschied macht eine Reise auf einer unserer Rampenstrecken so interessant.
Heutigentags, in einer Zeit wo Verdieselung und Elektrifizierung den Dampfbetrieb mit einem Glorienschein umgibt, gewinnen die Steilrampen für manchen Eisenbahnfreund einen besonderen Wert, dann nämlich, wenn es sich um eine noch mit Dampf betriebene Strecke handelt. Hat man doch hier Gelegenheit, die Dampflok auf dem Gipfel ihrer Leistungsfähigkeit zu bewundern. Der mehr nüchtern denkende Fachmann tut diese Gefühlsbetonung mit dem beinahe schon abfällig klingenden Wort „Romantik" ab. Bei der fortschreitenden Entwertung des Begriffes „Romantik" wird auch der ernsthafte Liebhaber der Eisenbahn unsicher und weiß nicht genau, soll er sich seiner Gefühle freuen oder schämen. Der Fachmann nämlich wird rufen: Stellt euch einmal auf den Führerstand, ihr Romantiker, heizt einmal eine 44er mit einem 1000 t-Zug eine kilometerlange Steigung hinauf, bei Regenwetter oder wenn das Signal auf der Talstation Halt geboten hat. Niest euch anschließend mit klatschnassem Hemd durch einen langen, eiskalten Tunnel hindurch, der vollkommen verräuchert ist, sie wird euch schon vergehen, die vielgepriesene Romantik!
Das schönste ist, der Mann hat recht.

Da wir jedoch keine Gelegenheit haben, den Heizer in seiner schweren Arbeit zu unterstützen, da wir nicht die geringste Möglichkeit sehen, an der bestehenden Situation etwas zu ändern, brauchen wir uns in unseren Gefühlen auch nicht gehemmt zu fühlen. Denn – das ist ja das schönste bei der Angelegenheit – der grimmige, nüchterne Fachmann ist ja selbst mit Leib und Seele Eisenbahner und denkt im Grunde seines Herzens wie wir selbst. Genießen wir daher getrost die mitunter überwältigende Stimmung, die von den Steilrampen ausgeht.
Trotzdem kann ein wenig Realität nicht schaden, sind doch die Gebirge in der Frühzeit das größte Hindernis für die Eisenbahnbauer gewesen. Kein Wunder, wenn man zunächst im Flachland

blieb und die Bahnen nur unter Zögern daran gingen, Höhenunterschiede zu überwinden. Der Ingenieur der Frühzeit meinte, die Bahnstrecke mit möglichst wenig Krümmungen und Steigungen bauen zu müssen. Steigungen von mehr als 14 Promille (1:70) hielt man für den Lokomotivbetrieb für unüberwindbar. Gleich ein Kuriosum der Frühzeit: Als im Jahre 1837 die Eisenbahn von Magdeburg nach Leipzig gebaut wurde, hatte man ernstlich vor, die Strecke in gerader Linie an Halle vorbeizuführen, diese Stadt vielmehr vermittels einer kurzen Stichbahn anzuschließen. Und das nur, um einige Krümmungen und lächerlich geringe Neigungen zu vermeiden! Es gelang tatsächlich erst in letzter Minute, die Bahnbauer von einem heute unsinnig erscheinenden Vorhaben abzubringen.

Für größere Steigungen empfahl selbst Stephenson Pferdebetrieb, noch beim Bau der Semmeringbahn im Jahre 1848 ist davon die Rede gewesen. Ließ sich aber eine Rampe wirklich nicht umgehen, wie im Jahre 1841 beim Bau der Düsseldorf-Elberfelder Eisenbahn, so griff man zu Hilfsmitteln, in diesem Falle zum Seilzugbetrieb, der erst 1927 eingestellt wurde. Zunächst wollte man Pferde vor den zu Berg fahrenden Zug spannen, später ließ man ihn durch ein langes Seil hochziehen, an dessen anderem Ende eine Lokomotive angekuppelt war, die auf dem Nachbargleis mit Volldampf bergab fuhr. Das Seil lief dabei auf dem Scheitelpunkt um eine große Rolle. Hauptübelstand jener alten Zeit mag aber der schwache Oberbau gewesen sein, der eine Erhöhung des Reibungsgewichtes und der Achszahl der Lokomotiven verhinderte. Aber nicht allein die Bergfahrten waren ein Problem, die Talfahrten nicht minder.

Der Lokomotivbauer weiß, welch gegensätzliche Anforderungen Berg- und Talfahrt an den Entwurf seiner Lokomotive stellen. Das Problem Bremsung birgt viele Tücken. Anfangs wurden Bremsschlitten eingesetzt, die vorn und hinten am Zug angebracht waren und den Zweck etwa unserer heutigen Radvorleger erfüllten. An ihre Stelle traten später Bremswagen, mit Schotter beladene O-Wagen, von denen bei Bedarf zwei mit den Bremserhäuschen aneinander gekuppelt wurden, so daß ein Mann zwei Bremsen bedienen konnte.

Die Inbetriebnahme der Semmeringbahn im Jahre 1854 hat dann endgültig den Vorstoß der Lokomotive ins Gebirge gebracht, gelang es doch hier, eine 22 Kilometer lange Steigung von 25 Promille (1:40) zu bewältigen. Es ist bekannt, welch gewaltigen Auftrieb der Eisenbahnbau infolge dieser Tatsache erhielt.
Schließlich schien der Schrecken des Gebirges mit der Erfindung der Zahnstange in den sechziger Jahren endgültig gebrochen. Zahnradbahnen erschlossen die Welt des Hochgebirges, der Zahnradbahn schien allein die Zukunft zu gehören, bis wiederum im Jahre 1920 der Direktor Steinhoff auf der Halberstadt-Blankenburger Bahn bewies, daß selbst bei Steigungen von 60 Promille (1:16,7) reiner Reibungsbetrieb wirtschaftlich durchgeführt werden kann.
Seit dieser Pioniertat Steinhoffs ist der Zahnradbetrieb auf unseren vollspurigen Bahnen mehr und mehr zurückgegangen. Lediglich in Österreich hat sich auf der Strecke Eisenerz – Vordernberg der bekannte Zahnradriese der Reihe 369 unvergänglichen Lorbeer als stärkste Zahnradlok der Welt erworben.
So interessant die Steilrampen sind, so vielgestaltig sind sie auch, verteilen sie sich doch so ziemlich auf alle vorhandenen Spurweiten. Es ist wenig bekannt, daß die größten Steigungen auf Reibungsbahnen in den Netzen kommunaler Straßenbahnen liegen. So weisen in Deutschland die Straßenbahnen von Remscheid und Augsburg Rampen von 108 und 102 Promille Neigung auf. Doch alle diese schmalspurigen Strecken sollen uns hier nicht weiter interessieren. Sie sind betriebs- und fahrzeugtechnisch ein Kapitel für sich.

Bei den vollspurigen Bahnen verlieren, dem Zuge der allgemeinen Entwicklung folgend, die Nebenstrecken mehr und mehr an Bedeutung. Leider geht auch damit das Interesse an ihren Streckenverhältnissen verloren, einfach, weil sie schon niemand mehr kennt. Hingegen haben viele Hauptbahnen noch an Bedeutung gewonnen und stehen durch Elektrifizierung und Verdieselung im Blickpunkt der Öffentlichkeit. Stellen wir einmal der Vollständigkeit halber die interessantesten Nebenbahnen mit Steilrampen und deren größte Neigung zusammen. Der Eisen-

bahnfreund wird durch einen Vergleich mit dem Fahrplan die geringer werdende Verkehrsdichte selbst feststellen können.
Auf einigen Strecken ist der Dampfbetrieb bereits verschwunden, der Einsatz von VT 98-Schienenbussen genügt. Auf den Thüringer Bahnen entsprechen Dampflokomotiven der BR 93, 94 und 95 völlig den Anforderungen eines nicht sehr umfangreichen Verkehrs, während auf der Strecke Heidenau – Altenberg, für die ja einmal die 84er gebaut worden waren, heute Einheitslokomotiven der Baureihe 86 die gleiche Leistung vollbringen und die großen Maschinen überflüssig gemacht haben. Anders bei den Hauptbahnen. Hier gehen nahezu alle Nord-Süd-Lebensadern des deutschen Verkehrsnetzes über Steilrampen hinweg, sie sind Prüfsteine der Leistungsfähigkeit des Schienenverkehrs. Auf vielen Linien ist elektrischer Betrieb eingeführt worden und wohl die Mehrzahl der Reisenden spürt heute überhaupt nicht, wenn der Zug ein derartiges eisenbahntechnisches Kunstwerk passiert. Vielleicht merkt es der eine oder andere nur am schweren Arbeiten der Schiebelokomotive, sofern er sich im letzten Wagen befindet, daß sich hier etwas Besonderes tut. Aber da der Dampfbetrieb gerade auf den Steilrampen fast völlig verschwindet, wird auch dieses vom Eisenbahnfreund so gern gehörte Geräusch entfallen.
Dabei war gerade der Einsatz von Schiebelokomotiven ein Hauptbestandteil der „Steilrampenromantik". Wer denkt nicht heute noch gern an seine Jugendtage zurück, an die ersten Reisen und das Erlebnis einer Rampenfahrt, die bei offenem Abteilfenster genossen werden mußte. War die Atmosphäre allein schon spannungsgeladen, wenn der Zug auf der Talstation, mitunter einem unbedeutenden Orte, hielt, die Schiebelok sich hinter den letzten Wagen schob und verschiedene Pfiffe den Beginn der Aktion verkündeten, so hielt die Fahrt gewöhnlich noch mehr, als sie versprach. Denn nichts im Eisenbahnbetrieb ist in ähnlicher Weise packend, wie der Augenblick, wenn die „wilde Jagd" sich in Bewegung setzt, Auspuffschläge vorn und hinten am Zuge aufdröhnen, sich vermischen, im Tale hundertfältig widerhallen, schneller und schneller werden – ist die Schiebelok doch meist eine kleinrädrige Güterzugmaschine – sich dann aber mit Zunahme der Neigung mehr und mehr verlangsamen, schließlich in tie-

fes, schweres, regelmäßiges Arbeiten übergehen. Dampf sprüht aus vielerlei Öffnungen am Leibe der Maschinen, während das Triebwerk unter dem Druck der Atmosphären zittert und der Zug in härtester Arbeit dem Berge Meter um Meter abringt.
Auch die Diesellokomotiven, von denen man sich Wunderdinge versprach, haben vor den Steilrampen kapitulieren müssen, schwacher Trost für den Dampflokfreund. Es ist ja kein Geheimnis mehr, daß die V 200 in den Bergen nicht das gehalten hat, was man sich von ihr versprach. Hingegen hat der elektrische Betrieb einen echten Fortschritt gebracht und die hohe Überlastbarkeit der Elektrolokomotive macht sie gerade für schwierige Dienste so ungemein geeignet.

An der Spitze der deutschen Hauptbahnen mit Steilrampen steht die Höllentalbahn mit 55 Promille Neigung. Sie ist durch den Einsatz der Dampflokomotiven der BR 85, die den schwerfälligen Zahnradbetrieb dort mit so großem Erfolg ersetzt haben, hinlänglich bekannt geworden. Noch mehr trat sie aber durch die Elektrifizierung mit 50 Hz-Strom in den Blickpunkt der Fachwelt. Jahrelang haben die Versuchslokomotiven der Reihe E 244 gemeinsam mit den 85ern Dienst getan. Heute sind beide Typen brotlos geworden, da die Bahnstrecke an das allgemeine 16 2/3 Hz-Netz angeschlossen ist und mit Lokomotiven der Baureihen E 40 und E 44 befahren wird. Ist der Verkehr auf der Höllentalbahn zwar auf leichte Eil- und Personenzüge beschränkt und fehlt ihr der schwere Durchgangsgüterverkehr, so nimmt sie jedoch seit jeher wegen ihrer großen landschaftlichen Schönheit den ersten Platz im deutschen Eisenbahnwesen ein.
An zweiter Stelle folgt die Strecke Reichenhall – Berchtesgaden mit Rampen von 40 Promille. Die Strecke ist bereits seit Jahren elektrifiziert, aber aus der Frühzeit her durch den Einsatz der bayrischen Tenderlokomotiven Klasse D VIII, den ersten Maschinen mit Krauss-Helmholtz-Drehgestell, berühmt geworden.
Die Erkrath-Hochdahler Steilrampe der Strecke Düsseldorf – Wuppertal erwähnten wir bereits. Bis zum Jahre 1927 wurden hier noch die Züge mit Seilen hinaufgezogen. Das Seil lief unterhalb des Bahnhofs Hochdahl über ein großes Rad. Das dritte

Gleis der Strecke war für die Seillokomotive reserviert, die mit Volldampf dort bergab fuhr und über das Seil den Zug auf dem Nachbargleis aufwärts beförderte. Heute schieben ein oder zwei Lokomotiven die Züge den Berg hinauf. Erkrath – Hochdahl dürfte im Gebiet der Bundesbahn eine der wenigen Rampen sein, auf welcher Züge noch mit bis zu vier Lokomotiven befördert werden, zwei Zugloks und zwei Schiebeloks.
Es ist interessant zu beobachten, wie jede dieser Rampen ihre besondere Geschichte hat. Denn auch die nächste, die in der Rangordnung folgt, die 28 Promille-Rampe Brügge – Lüdenscheid hat es „in sich". Dort hat sich schon manche Lokgattung als Schiebelokomotive Lorbeeren geholt, unter anderem auch die Mallet-Riesen der bayerischen Gattung Gt 2 x 4/4, Baureihe 96, deren Heimatgebiet normalerweise Nordbayern war. Gerade der wechselnde Einsatz dieser Loktype legt Zeugnis ab für die Fülle der Versuche und Probleme, die diese natürlichen Hindernisse des Bahnwesens dem Lokbauer und Betriebsmann aufgeworfen haben.

Ragen die bisher genannten Rampen durch die besonders große Neigung einsam aus der Masse heraus, so nimmt die Zahl der Strecken mit Steigungen von 25 Promille erheblich zu. Wenn wir sie einmal aufzählen, merken wir gleichzeitig, wie reich das deutsche Streckennetz an bahntechnischen Besonderheiten ist.
Eine sehr alte Rampe liegt zwischen Aachen und Ronheide. Sie hat mit 26,3 Promille Neigung den Bahnbauern seit alters her Kopfschmerzen bereitet. Doch ist auf ihr der Verkehr nicht so stark wie etwa auf den Thüringer Rampen, von denen zwei vor dem Kriege Schlagadern des deutschen Wirtschaftslebens waren: Gräfenroda – Oberhof – Suhl und Probstzella – Steinbach – Rothenkirchen. Auf der ersteren Linie versieht die BR 95, die preußische T 20, bis zum heutigen Tag den Schiebedienst und wird im Volksmund „der Bär" genannt. Auf der Frankenwald-Rampe schob bis zur Elektrifizierung von Rothenkirchen aus die bereits erwähnte bayerische Gt 2 x 4/4. Die letztere Strecke ist heute zufolge der Teilung unseres Vaterlandes zur Bedeutungslosigkeit herabgesunken.

Der Gebirgszug Thüringer Wald – Frankenwald – Fichtelgebirge wird noch an einer dritten Stelle erstiegen. Seit 1848 quält sich der Eisenbahnverkehr bereits die berühmte 25 Promille geneigte „Schiefe Ebene" zwischen Neuenmarkt-Wirsberg und Marktschorgast hinauf. Die Strecke ist Teilstück der berühmten Ludwigs-Nord-Südbahn. Maffei hat eigens für die Schiefe Ebene Berglokomotiven konstruiert, die sogenannten Remorqueure, fünf an der Zahl, Klasse C I der bayrischen Staatsbahn, welche die Züge über die gewaltige Steigung befördern mußten. Später wurden auch hier die Gt 2 x 4/4 eingesetzt.
Eine besondere Berühmtheit hat von jeher die bekannte Geislinger Steige genossen, eine fünf Kilometer lange 23,2 Promille-Rampe, die im Zuge der Hauptbahn Stuttgart – Ulm den Steilabfall der Schwäbischen Alb überwindet. Sie war für die württembergische Staatsbahn von Anfang an ein böses Hindernis, und Württemberg hat die Leistungsfähigkeit seiner Lokomotiven eigentlich immer an der Geislinger Steige gemessen. Dennoch hat gerade diese Rampe den Lokomotivbau sehr gefördert. Sie war für Joseph Trick der Anlaß, die „Alb" zu erbauen, jene erste deutsche Berglokomotive, sie war für Adolf Klose Grund genug, den „Elefant" zu schaffen, jene erste deutsche fünffach gekuppelte Güterzuglok, die württembergische Klasse G. Und sie war schließlich auch das Prüffeld aller elektrischen Lokomotiven, denken wir nur an die E 04 und E 18, die in den Jahren 1933 und 1935 dort ihre Bergprüfung abgelegt haben und mit Zügen von 400 t Gewicht und 70 km/h glänzend bestanden haben.
Schließlich gehört zu diesem Reigen der großen Fünf noch die landschaftlich besonders schön gelegene Rampe Tharandt – Klingenberg-Colmnitz, die sich durch ihre größere Länge von elf Kilometern von der Geislinger Steige abhebt. Während in Geislingen heute nur noch schwere Züge von den dort stationierten Schiebelokomotiven der Baureihe E 93 geschoben werden, spielt der Nachschubbetrieb auf der Tharandter Rampe, die den Aufstieg der Bahn von der Elbniederung in das Erzgebirge vermittelt, eine bedeutende Rolle. Die Bahn erklimmt im Tal der wild schäumenden Weißeritz die Höhe. In ihrem reizvollsten Teil liegt der Bahnhof Edle Krone, der seinen Namen wahrlich zu Recht führt. Die

Strecke ist hier durch eine 20 Meter hohe Stützmauer gegen das Flußbett hin abgestützt. Unmittelbar vom Bahnhof aus führt eine kühne Brücke in einen Tunnel hinein, und der Wanderer fühlt sich unwillkürlich an Schweizer Verhältnisse erinnert. Ein oder zwei Dampflokomotiven der BR 58 setzen sich in dem für alle Züge verbindlichen Halt Tharandt hinter den Zug, um bis zum Bahnhof Klingenberg-Colmnitz dran zu bleiben.

Der Übergang von der Steilrampe zur Hügellandstrecke ist nicht klar abgegrenzt. Wir finden noch manche Rampe, wo nur Güterzüge geschoben werden, wir finden Strecken, auf welchen nur bei Bedarf zur Schiebelok gegriffen wird und schließlich Rampen, auf denen sich die Zuglokomotive allein mit ihrer Last den Berg hinauf abmühen muß. Zuglänge und Neigung geben oft in Einzelfällen den Ausschlag. Erwähnen wir noch einige Rampen, die bereits „klassisch“ genannt werden können:
Da ist vor allem der 20 Promille geneigte Spessart-Übergang Laufach – Heigenbrücken zu nennen, der wegen seines starken Güterverkehrs vor der Elektrifizierung dem Bahnbetrieb viel Kummer bereitet hat. Laufach – Heigenbrücken gehört zu den typischen Gebirgsübergängen, deren Scheitel in einem Tunnel liegt, ähnlich wie Gräfenroda – Oberhof (Brandleitetunnel).
Die Nord-Süd-Strecke Hannover – Bebra enthält gleich zwei Rampen „von Format“, einmal das Teilstück Göttingen – Dransfeld, zum anderen die Cornberger Rampe zwischen Bebra und dem Bahnhof Cornberg. Hier wird die Elektrifizierung den Fortfall des beschwerlichen Schiebebetriebes ermöglichen, genauso wie auf der Strecke Hagen – Siegen, die in dem Teilstück Altenhundem – Welschenennest mit anschließendem Tunnel ihren besonderen „Pfiff“ hat.

Mittelgebirge bringen Steigungen mit sich. Oft sind die langen, schwächer geneigten Strecken unangenehmer zu befahren, als die kurzen Steilstrecken. So ist die Schwarzwaldbahn mit Steigungen bis zu 20 Promille fast eine einzige Rampe. Auch die Allgäubahn zwischen Lindau und Kempten ist nicht ohne. Die Strecke Erfurt – Frankfurt besitzt zwischen Gerstungen und

Hönebach auf der einen und Bebra und Hönebach auf der anderen Seite Teilstrecken, denen die Lokmannschaften mit Mißtrauen begegneten. Der Anstieg von Flieden aus an der gleichen Strecke zum Landrücken hinauf ist auch nicht zu verachten. Zwar handelt es sich hier nur um lächerliche 14 Promille, die durchaus noch „normal" sind, aber für die Kasseler oder Bebraer Lokmannschaft war eine Fahrt doch jedesmal ein kleines Husarenstückchen. Manche 01.10 und auch die beiden 10er haben es fertig gebracht, die Steigung bei 600 t Anhängelast mit 100 km/h anzufahren und bis zum Scheitel 60 km/h zu halten, Leistungen, die nie an die Öffentlichkeit dringen, von denen man nicht spricht, die zum Pflichtenkreis der Lokmannschaft gehören.

Wir könnten noch manche Strecke nennen, die den Rahmen des Normalen überschreitet, sei es der Übergang über das Eggegebirge bei Altenbeken, sei es die einzige Hauptbahn des Harzes mit der Rampe Sangerhausen – Blankenheim, sei es Biebermühle – Pirmasens, Braunschweig – Bad Harzburg, Dresden – Klotzsche, Stuttgart Hbf – Stuttgart West und wie sie alle heißen. Mancher Leser wird gerade „seine" Rampe in der Aufzählung vermissen, aber wo ist hier Anfang und Ende? Gehören nicht die unangenehmen Rampen in den Kopfbahnhöfen unserer Städte bereits dazu? Denken wir nur an das Gießener Gleis im Frankfurter Hauptbahnhof und vor der Elektrifizierung auch noch an das Hanauer Gleis, die in großen Bögen über die anderen Gleise hinweg schwenken und in deren Rampe der schwere Schnellzug unmittelbar nach dem Anfahren bereits übergehen muß, ohne Anlauf nehmen zu können. Gleichermaßen standen früher auf der „schwarzen Liste" der Lokmänner die Rampen im Stuttgarter Hauptbahnhof und die Brückenrampe am Mannheimer Hauptbahnhof. Unsere Bahnhöfe haben hier ganze Kataloge von Tücken zu bieten.
Vielen Lokführern – um nur einen als Beispiel für alle zu nennen – ist der Hauptbahnhof Halle bestens in Erinnerung, den das Berliner Gleis in langer, langer Steigung verläßt. Wie oft mußte hier früher (und es mag heute auch noch der Fall sein) „Bulli vom Dienst", die am Bahnsteig diensthabende kleine Verschiebeloko-

motive der Baureihe 80, in Ferienzeiten die schweren Schnellzüge in Gang bringen, damit sie nicht zu viel Fahrzeitverlust erhielten. Es hat wohl selten ein köstlicheres Bild gegeben, als wenn „Bulli" mit seinen kleinen Rädern und seinem kurzen dicken Kesselchen wackelnd, nickend und fürchterlich puffend richtig wie ein feuriger Elias als Schiebelok durch die Bahnhofshalle tobte. Womit unsere kleine Plauderei nun glücklich doch wieder bei der Romantik angelangt wäre. Damit aber die Realität nicht vergessen wird, noch einige sachliche Worte über die praktische Durchführung des Nachschubbetriebes. Wir unterscheiden grundsätzlich zwei Fälle:

1. Die Schiebelok verläßt den Zug auf freier Strecke und kehrt zurück.
2. Die Schiebelok bleibt bis zum nächsten Bahnhof am Zuge.

Der Fall 1, nach welchem die Schiebelok bis zu einem bestimmten Punkt, der durch ein besonderes Signal gekennzeichnet ist, mitfährt und dann zurückkehrt, ist relativ häufig. Da sie dabei allerdings auf dem falschen Gleis im Bahnhof ankommt, bedarf es dort wieder entweder eines besonderen Signals oder eines besonderen Fahrtauftrages zur Einfahrt. Diese Betriebsweise ist daher nur auf kurze Rampen beschränkt und auf gelegentliches Nachschieben. Beim Anschieben schwerer Züge in Bahnhöfen läuft die Schiebelok überhaupt nur bis zum Ausfahrtssignal mit. Auf Rampenstrecken, auf denen ständig geschoben wird, ist meist auf dem Scheitelpunkt ein Gleiswechsel eingebaut, welcher der Schiebelok die Rückkehr auf dem Talgleis ermöglicht.
Keinerlei Sondermaßnahmen erfordert der zweite Fall, nach welchem die Schiebelok bis zum nächsten Bahnhof am Zuge bleibt. Auf langen Rampen, die sich über mehrere Bahnhöfe hinwegziehen, wird die Schiebelok fest mit dem Zug gekuppelt. Meist verwendet man hierzu die Kellersche Kupplung, die mittels Seilzug vom Führerstand aus gelöst werden kann. Die Lokomotive läuft also bis zur Bergstation mit, der Lokführer löst die Kupplung, die Maschine wird auf ein Ausweichgleis gelenkt und kehrt dann auf dem Talgleis bei normaler Signalstellung wieder zurück. Es ist leicht einzusehen, daß eine Rückkehr der Schiebelok auf dem Berggleis wegen der Behinderung des Zugverkehrs vermieden werden muß.

Das Anfahren eines Zuges mit Schiebelok ist nicht ganz einfach, da Stöße und Zerrungen am Zuge unangenehme Folgen haben können. Die Fahrdienstvorschriften regeln die Verfahrensweise in allen vorkommenden Fällen eindeutig. Vielleicht ist es interessant, wenn wir die Bestimmung, die das Anfahren regelt, einmal wiedergeben: „Der Führer der Schiebelok gibt zum Zeichen, daß er zum Schieben bereit ist, das Achtungssignal. Auf den Abfahrauftrag gibt der Lokführer an der Spitze ebenfalls das Achtungssignal. Darauf öffnet der Führer der Schiebelok den Regler soweit, daß diese ohne weiteres mitläuft, sobald sich der Zug in Bewegung setzt und gibt sodann nochmals das Achtungssignal. Nun setzt der Führer der ziehenden Lokomotive den Zug langsam in Bewegung." Aber auch das Lösen der Schiebelok vom Zuge darf nur langsam vor sich gehen, das heißt, der Lokführer schließt den Regler allmählich, um ein Zerreißen des Zuges zu vermeiden. Ein Pfiff meldet dem Führer der Zuglok, daß die Schiebelok ihre Mission erfüllt hat. Beim Schiebebetrieb trägt der letzte Wagen das normale Zugschlußsignal, während die Schiebelok das vereinfachte Schlußsignal erhält. Die Höchstgeschwindigkeit darf für geschobene Züge auf Hauptbahnen 60 km/h, auf Nebenbahnen 40 km/h, nicht überschreiten. Die gleichen Bestimmungen gelten, wenn zwei Schiebeloks verwendet werden. Diese schwierige Betriebsform fällt aber gewöhnlich unter Sonderregelungen für die betreffende Strecke.

Auf Steilrampen fährt man aber nicht nur zu Berg, auch die Talfahrt erfordert eingehende Vorschriften. Die Betriebsanweisung bestimmt, daß beim Befahren von Gefällestrecken über 16 Promille (1:62), die mindestens drei Kilometer lang sind, eine Betriebsbremsung während der Fahrt vor Einfahrt in das Gefälle durchzuführen ist. Stellt der Lokführer eine ungenügende Bremswirkung fest, so hat er anzuhalten und eine volle Bremsprobe durchzuführen, eventuelle Störungen zu beseitigen. Der Buchfahrplan bestimmt die Streckenabschnitte, auf denen die Betriebsbremsung durchzuführen ist. Bei strenger Kälte von –12° C ab tritt an die Stelle der Betriebsbremsung bei allen Zügen die volle Bremsprobe, meist auf Weisung des Aufsichtsbeamten der Bergstation. Auf diesen Bahnhöfen sind daher Ausweichgleise angelegt, auf denen Güterzüge zwecks Durchführung der Bremsprobe halten können, die auch gleichzeitig das Umsetzen der Schiebeloks ermöglichen. Rechnen wir noch hinzu, daß sich meist auf den Talstationen kleine Bw'e befinden, oft Außenstellen größerer Bahnbetriebswerke, lediglich der Versorgung der Schiebeloks dienend, so ergibt sich ein erheblicher Aufwand für den Dienst auf Steilrampen, eine nicht zu leugnende Realität, die leider auch kostenmäßig bei der Bahnverwaltung beträchtlich zu Buche schlägt.

Es gäbe viel zu erzählen von den Steilrampen, viel Gutes, viel Schönes, viel Unangenehmes, viel Böses. Oft mußte mit zwei Heizern gefahren werden, oder der Lokführer griff selbst mit zur Schaufel, wenn es hart auf hart ging.
Nicht allein die Rampen ließen besonders im Winter bei Schnee und Eis die Grenzen der Leistungsfähigkeit von Mensch und Maschine sichtbar werden, hinzu kamen auch die zahlreichen verqualmten Tunnels, deren gesundheitliche Schäden besonders unangenehm waren. Der berühmte „Pfropf" aus dem Arlbergtunnel ist wohl am bekanntesten geworden, eine Zusammenballung von Rauchgasen, die infolge der Länge des Tunnels weder nach der einen noch nach der anderen Seite abziehen konnten. Mit vor Mund und Nase gehaltenen feuchten Tüchern mußte die Mannschaft diesen Pfropf durchfahren und das bei schwer arbeitender Maschine.
Deshalb muß bei aller Liebe zur Eisenbahnromantik die Elektrifizierung der Gebirgsstrecken uneingeschränkt begrüßt werden, allein schon um der Sicherheit der Mannschaft auf dem Führerstand willen. Leider tritt heute ein neues Übel in Erscheinung, die Vergasung der Tunnels durch den Auspuff der Diesselloks, der auf Bergfahrt bei voller Anstrengung der Motoren besonders stark ist.
Sei es, wie es sei, Steilrampen werden wie so viele Dinge der Technik, je nach dem Standpunkt der Beteiligten, immer zwischen härtester Realität und gefühlsseliger Schwärmerei liegen. Lassen wir uns durch die bitteren Seiten der Angelegenheit die Freude nicht trüben. *1963*

# Eisenbahn für die Westentasche:

**Die Taschenbuch-Reihe der GeraMond-Eisenbahn-Bibliothek wird laufend erweitert. Fundiertes Basis-Wissen in kompakter Form – zu günstigen Preisen!**

Braun: **DB-Fahrzeuge (1) – Lokomotiven und Triebwagen**

192 S., 180 Abb., 12x17 cm,
Best.-Nr. 8510,
ISBN 3-932785-10-X,
**19,80**

Braun: **Signale der deutschen Eisenbahnen**

128 S., 130 Abb.,
12x17 cm,
Best.-Nr. 8514,
ISBN 3-932785-14-2,
**24,80**

Braun: **DB-Fahrzeuge (2) – Reisezugwagen**

192 S., 180 Abb.,
12x17 cm,
Best.-Nr. 8513,
ISBN 3-932785-13-4,
**24,80**

**GeraMond**

**Im guten Buchhandel, im Fachhandel oder direkt beim GeraMond Verlag, 80632 München. Gesamtprospekt gratis.**